(写真：筆者撮影)

南十字星と石炭袋（南十字星のすぐ左下の暗い部分）。南のほうに行くと、この南十字星が見えるようになる。

図1　南十字星（サザンクロス）を見てみよう（Lesson 1）

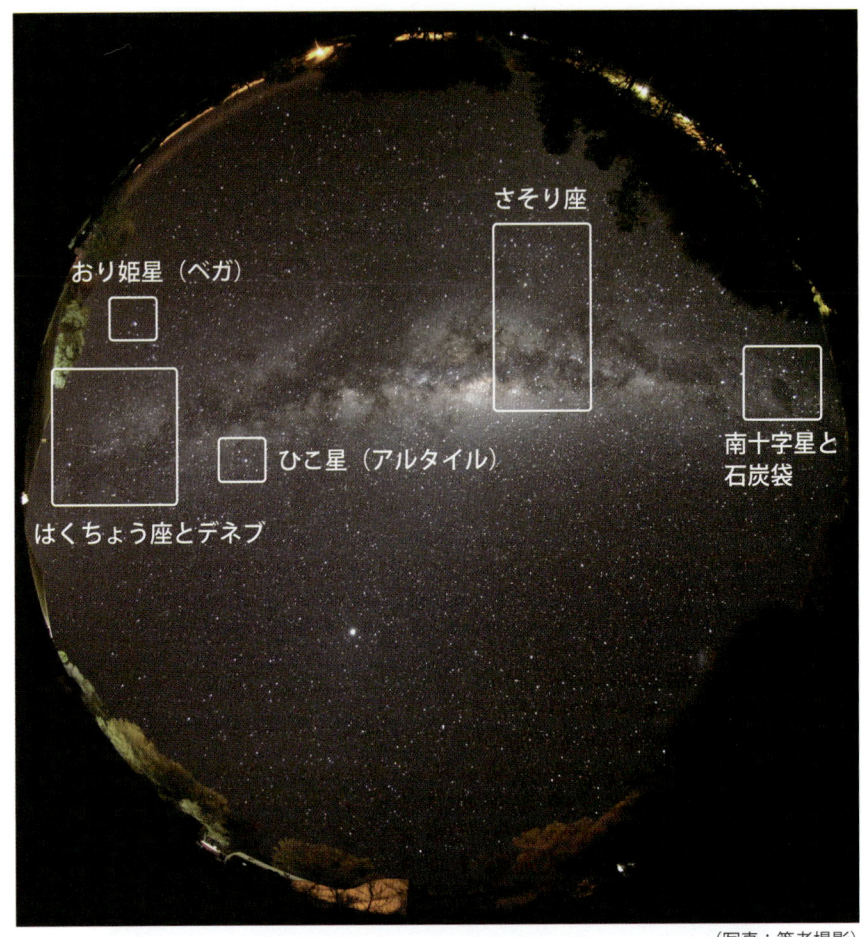

(写真：筆者撮影)

『銀河鉄道の夜』(宮沢賢治著)の舞台が一望できるオーストラリア・エアーズロックにて。『銀河鉄道の夜』では銀河鉄道が、はくちょう座から天の川に沿って南十字星に向かう。

図2 『銀河鉄道の夜』の舞台 (Lesson 1)

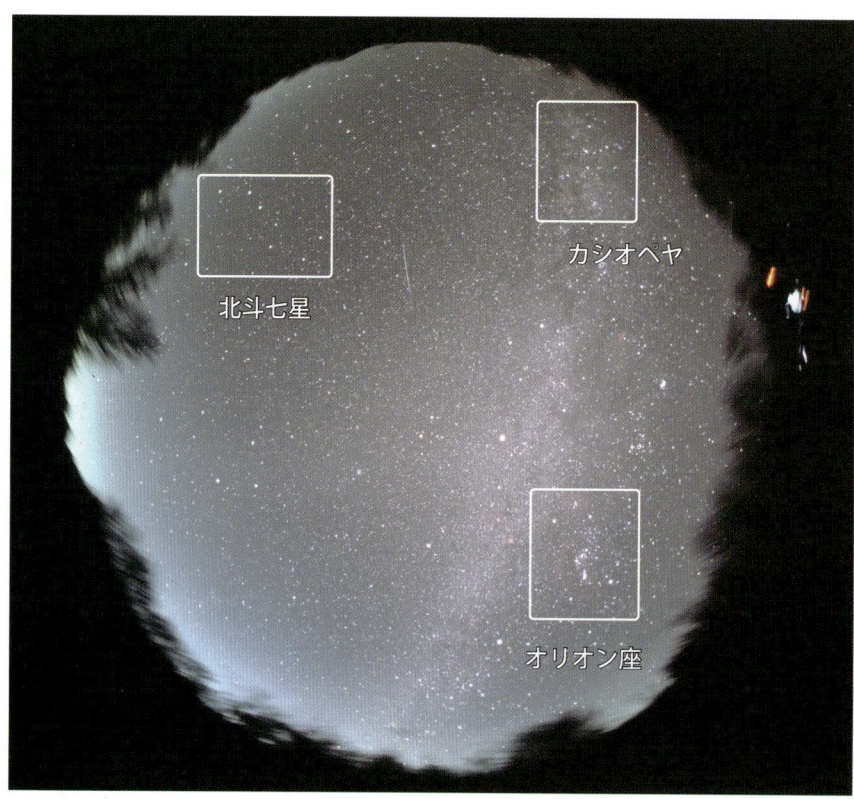

(写真：http://www.photolibrary.jp/)

冬の星座と天の川。オリオン座の左を上下にうっすらと天の川が通っている。カシオペヤは天の川の上にある。左には北斗七星が見える。

図3　冬の星座と天の川（Lesson 1）

雪の結晶写真（北海道大雪山系旭岳にて）

図4　ミクロな世界の芸術（Lesson 2）

水槽と懐中電灯とワックスだけで作る夕焼け実験

図5　夕焼けの作り方（Lesson 3）

	ビッグバンで作られる元素 (Liも微量だが作られる)		超新星爆発および星のなかで作られると考えられる元素 (sプロセス)
	星のなかで作られる元素		超新星爆発で作られると考えられる元素

1 H 水素	2 He ヘリウム	3 Li リチウム	4 Be ベリリウム	5 B ホウ素	6 C 炭素	7 N 窒素	8 O 酸素	9 F フッ素	10 Ne ネオン	11 Na ナトリウム	12 Mg マグネシウム	13 Al アルミニウム	14 Si シリコン	15 P リン
16 S 硫黄	17 Cl 塩素	18 Ar アルゴン	19 K カリウム	20 Ca カルシウム	21 Sc スカンジウム	22 Ti チタン	23 V バナジウム	24 Cr クロム	25 Mn マンガン	26 Fe 鉄	27 Co コバルト	28 Ni ニッケル	29 Cu 銅	30 Zn 亜鉛
31 Ga ガリウム	32 Ge ゲルマニウム	33 As ヒ素	34 Se セレン	35 Br 臭素	36 Kr クリプトン	37 Rb ルビジウム	38 Sr ストロンチウム	39 Y イットリウム	40 Zr ジルコニウム	41 Nb ニオブ	42 Mo モリブデン	43 Tc テクネチウム	44 Ru ルテニウム	45 Rh ロジウム
46 Pd パラジウム	47 Ag 銀	48 Cd カドミウム	49 In インジウム	50 Sn スズ	51 Sb アンチモン	52 Te テルル	53 I ヨウ素	54 Xe キセノン	55 Cs セシウム	56 Ba バリウム	57 La ランタン	58 Ce セリウム	59 Pr プラセオジム	60 Nd ネオジム
61 Pm プロメチウム	62 Sm サマリウム	63 Eu ユウロピウム	64 Gd ガドリニウム	65 Tb テルビウム	66 Dy ジスプロシウム	67 Ho ホルミウム	68 Er エルビウム	69 Tm ツリウム	70 Yb イッテルビウム	71 Lu ルテチウム	72 Hf ハフニウム	73 Ta タンタル	74 W タングステン	75 Re レニウム
76 Os オスミウム	77 Ir イリジウム	78 Pt プラチナ	79 Au 金	80 Hg 水銀	81 Tl タリウム	82 Pb 鉛	83 Bi ビスマス	84 Po ポロニウム	85 At アスタチン	86 Rn ラドン	87 Fr フランシウム	88 Ra ラジウム	89 Ac アクチニウム	90 Th トリウム
91 Pa プロトアクチニウム	92 U ウラン	93 Np ネプツニウム	94 Pu プルトニウム	95 Am アメリシウム	96 Cm キュリウム	97 Bk バークリウム	98 Cf カリホルニウム	99 Es アインスタニウム	100 Fm フェルミウム	101 Md メンデレビウム	102 No ノーベリウム	103 Lr ローレンシウム	104 Rf ラザホージウム	105 Db ドブニウム
106 Sg シーボーギウム	107 Bh ボーリウム	108 Hs ハッシウム	109 Mt マイトネリウム	110 Ds ダームスタチウム	111 Rg レントゲニウム	112 Unb ウンウンビウム	113 Uut ウンウントリウム	114 Uuq ウンウンクアジウム	115 Uup ウンウンペンチウム	116 Uuh ウンウンヘキシウム		118 Uuo ウンウンオクチウム		

（元素名は『理科年表 平成22年版』丸善株式会社より）

私たちの世界の元素は、ビッグバンと星のなかで作られ、さらには超新星爆発で作られたと考えられている。つまり、私たちは「星屑の子供たち」ともいえるのである（自然界に存在するもののみ背景を色で塗ってある。人工元素は除く。人工元素はhttp://www.nishina.riken.jp/113/history.html より。また、113Uutは最近日本に命名権が与えられた元素である）。

図6　私たちは星屑から作られた（Lesson 5）

(炎色反応実験用教材　© ケニス株式会社、色の名前は『岩波理化学辞典第5版』より、Photoshop CS2 使用)

アルカリ金属、アルカリ土類金属などの塩類を燃やすと特有の色を出す。上から右回りにバリウム（緑黄）、カリウム（紫）、リチウム（洋紅）、銅（青緑）、ナトリウム（黄）、カルシウム（橙赤）。また、Lesson 6 で紹介するが、花火で使われるストロンチウムは深紅色をしており、リチウムと似た色をしている。

図7　元素と炎色反応（Lesson 6）

(写真:筆者撮影、Photoshop CS2 使用)

アラスカ・フェアバンクスでのオーロラ写真。オーロラが炎のようなかたちをしている。

図 8　オーロラは太陽からの手紙（Lesson 6）

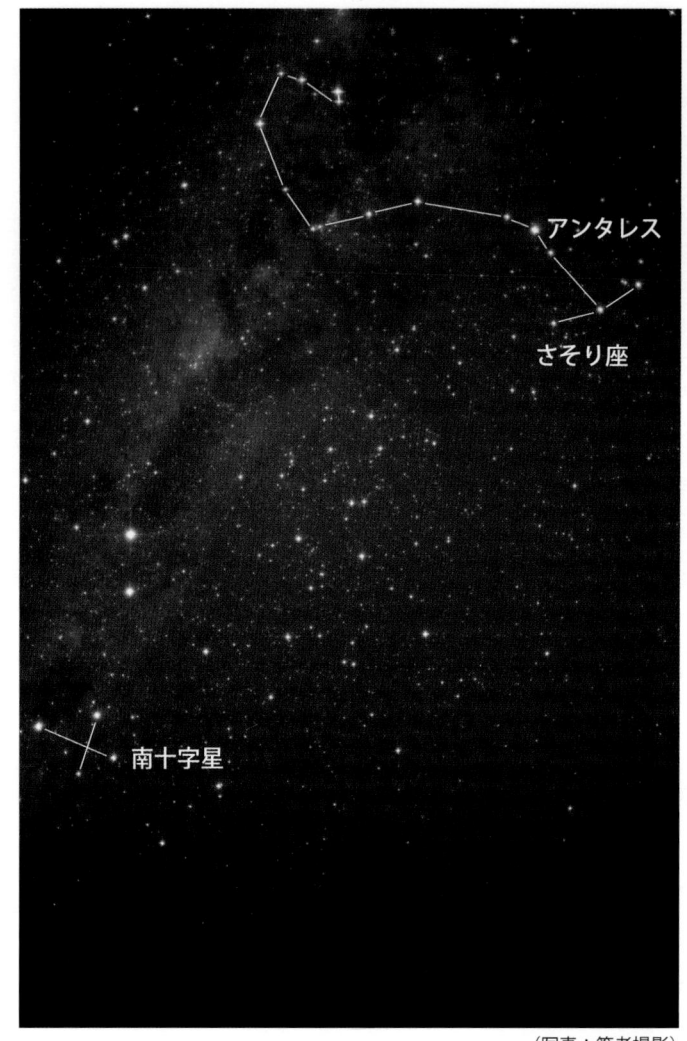

(写真：筆者撮影)

さそり座と南十字星。さそり座のアンタレスは赤っぽくなっている。南十字星にも赤っぽい星がある。

図9　いろいろな色がある星たち（Lesson 7）

宇宙と物理をめぐる
十二の授業
<small>12 lessons</small>

牟田 淳 著

Ohmsha

本書に掲載されている会社名・製品名は，一般に各社の登録商標または商標です．

本書を発行するにあたって，内容に誤りのないようできる限りの注意を払いましたが，本書の内容を適用した結果生じたこと，また，適用できなかった結果について，著者，出版社とも一切の責任を負いませんのでご了承ください．

　本書は，「著作権法」によって，著作権等の権利が保護されている著作物です．本書の複製権・翻訳権・上映権・譲渡権・公衆送信権（送信可能化権を含む）は著作権者が保有しています．本書の全部または一部につき，無断で転載，複写複製，電子的装置への入力等をされると，著作権等の権利侵害となる場合があります．また，代行業者等の第三者によるスキャンやデジタル化は，たとえ個人や家庭内での利用であっても著作権法上認められておりませんので，ご注意ください．
　本書の無断複写は，著作権法上の制限事項を除き，禁じられています．本書の複写複製を希望される場合は，そのつど事前に下記へ連絡して許諾を得てください．

出版者著作権管理機構
（電話 03-5244-5088，FAX 03-5244-5089，e-mail: info@jcopy.or.jp）

JCOPY ＜出版者著作権管理機構 委託出版物＞

はじめに
～宇宙と物理はフシギチックに学ぶとおもしろい～

　この本は、天文学・星空に興味のある学生・社会人、科学の魅力を伝えたい教員・教育関係者、そしてSFに興味のある学生・社会人を主な対象としています。文系向けに書かれていますが、理系の人が読んでもかまいません。東京工芸大学芸術学部における授業をもとに、学生の感想などを考慮して作成されましたので、大学・高校の教科書・副教材としても使っていただくことができます。

　宇宙や物理を理解する最短の近道は、自然科学を大好きになることです。もちろん、楽しくなくてもとにかく勉強すればなんとかなるかもしれません。でもそれでは、結局「学習成果」はあまり期待できないでしょう。勉強にしろ、スポーツにしろ、まずは「好きになること」が「学習成果」の大きな要因になるのです。まさに「好きこそ物の上手なれ」なのです。

　この本では、自然科学を好きになってもらうために、宇宙と物理の持つ2つの側面に注目します。それは「ロマンチック」と「フシギ」です。

　宇宙と物理のロマンチックな代表例は星空です。しかし、「星空に興味はあるけど、実際の星空を見ても星座がわからない」という方も多いのではないでしょうか？　そんなときは、『銀河鉄道の夜』（宮沢賢治著）の物語を通じて星座を覚えることをおすすめします。『銀河鉄道の夜』は、はくちょう座から天の川に沿っていろいろな星座を旅し、南十字星付近で旅を終えます。天の川を列車が旅をするなんてロマンチックに感じますが、そういうロマンチックな気分を感じながら星座を覚えると覚えやすいのです。

　満天の星空のようなロマンチックな世界は、自然の世界にはほかにもたくさんあります。たとえばオーロラです。オーロラは、夜空を光がダンスをするかのように、美しく空を舞っています。それでは、どうしてオーロラが美しく空を舞うのか、知りたいと思いませんか？

はじめに

　このように宇宙や物理は「ロマンチックさ」に注目すると、学ぶことが楽しくなるのです。この本は、ロマンチックさに注目しながらも、きちんと文系向けの学問として学べるようになっています。

　もう1つ、宇宙や物理には私たちを惹きつけるものがあります。それは「フシギ」です。皆さんはSFの世界で「タイムトラベル」という言葉を聞いたことがあると思います。たとえば、小説『時をかける少女』（筒井康隆著）でも主人公がタイムトラベルをします。このタイムトラベル、実現可能性は別にして、アインシュタインの相対性理論がネタ元なのです。フシギなことといえば、宇宙もフシギです。あのアインシュタインは、宇宙は永遠に変わらないと考えていました。しかし現在は、私たちの宇宙はビッグバンではじまり、それ以降ずっと膨張していると考えられています。それならば、ビッグバンの前には何があったのでしょうか？

　この本は、主に「ロマンチック」と「フシギ」に着目した話題を取り扱って、宇宙や物理を学んでいこうとする本なのです。しかも、SFなどに走りすぎず、きちんと学問として楽しく学べるようになっています。全部で12のLesson。各Lessonは読みやすいような分量になっています。各Lessonでは、扉のページに内容がどれくらいフシギでロマンチックかの目安を星の数で表してあります。星の数は3つが標準で、星5つが満点です。筆者独自の基準で星をつけていますが、皆さんも各Lessonを読んだあと、自分なりのフシギ度、ロマンチック度で星をつけてみるとおもしろいでしょう。

　それでは皆さんも、この本を読んで、宇宙と物理のロマンチックでフシギな側面に触れて自然科学好きになってみませんか？

　　2010年4月

牟　田　　淳

目次

Lesson 1　名作『銀河鉄道の夜』に学ぶ星空 …… 1
1.1　『銀河鉄道の夜』は星空のどこを旅するの？ …… 2
1.2　『銀河鉄道の夜』で学ぶ夏の星空 …… 6
1.3　『銀河鉄道の夜』で学ぶ南十字星 …… 11
　　column　オーストラリアで見られる銀河鉄道の夜の舞台 …… 14
1.4　天の川の上に浮かぶ星座たち …… 15
　　column　南の島で南十字星を見てみよう …… 18

Lesson 2　世界の果てまで旅をする …… 21
2.1　昔の人が考えた「宇宙の果て」と「小さな世界の彼方」とは？ …… 22
2.2　宇宙鉄道に乗って宇宙の果てまで旅すると？ …… 23
2.3　魔法で体を小さくすると見えるミクロの世界 …… 30
2.4　原子よりも小さな究極の世界に見えるもの …… 33
2.5　宇宙を知るためには素粒子を知らなければならない？ …… 36
　　column　「パワーズ・オブ・テン」と「火の鳥」 …… 38

Lesson 3　月の空は何色か？ …… 39
3.1　地球の芸術、虹、青空と夕焼け …… 40
3.2　アポロ宇宙船クルーが見た月の空 …… 45
3.3　地球の空が青いわけ …… 52
3.4　地球の夕焼けが赤いわけ …… 54
3.5　海のなかが青いわけ …… 56
　　column　色の三原色 …… 57

Lesson 4　アインシュタイン「生涯最大の過ち」 59
4.1　宇宙に永遠不変を探し求めた人間、アインシュタイン 60
4.2　宇宙を支配する方程式―アインシュタイン方程式― 61
4.3　「アインシュタイン人生最大の過ち」とは？ 64
4.4　ビッグバンではじまる宇宙創世記 68
4.5　ビッグバンの前には何があったのか？ 70
　　　column　ゴーギャンの名作が語る宇宙 75

Lesson 5　私たちは星屑の子供たち 77
5.1　「黄金を作り億万長者になろうとした」錬金術師たち 78
5.2　私たちは元素からできている 79
5.3　黄金の作り方、教えます 84
　　　column　中性子で元素を作る 85
5.4　元素はビッグバンで作られた？ 87
5.5　星の死とともに作られる元素 89
5.6　私たちは星屑の子供たち 95

Lesson 6　オーロラは太陽からの手紙 97
6.1　北の国の芸術、オーロラ 98
6.2　オーロラや花火の色彩が鮮やかなわけ 100
6.3　原子が出す炎がオーロラのヒント？ 102
6.4　光は「光子」でできている？ 104
6.5　原子で生まれる光 106
6.6　オーロラは太陽からの手紙 110
6.7　太陽の活動とオーロラ 113
　　　column　オーロラの写真を撮ろう！ 114

Lesson 7　星の色は温度で決まる　117

- 7.1　星にも色がある　118
- 7.2　星の色でわかる星の温度—絶対温度—　120
- 7.3　色温度の正体　125
- 7.4　宇宙の温度は何度？　132
  - column　アナログテレビで見るビッグバンの名残　134

Lesson 8　時間は人によって違うの？　135

- 8.1　SFでひっぱりだこの相対論　136
- 8.2　私たちはいつも「過去」を見ている　137
- 8.3　光速は変わらない　140
- 8.4　私たちは同じ時を共有できない　142
- 8.5　時の流れを変える方法　145
- （参考）時間の遅れを計算しよう　149

Lesson 9　不本意なエネルギーと質量　153

- 9.1　原爆に利用された相対論とアインシュタインの苦悩　154
- 9.2　変わらないものと変わる長さ　159
- 9.3　相対論の代名詞、$E=mc^2$　163
- （参考）時空図はSFチック　167

Lesson 10　もしも別の世界があったら　171

- 10.1　もしも別の世界があったら　172
- 10.2　波は広がり、粒子は進む　174
- 10.3　電子の本当の姿　176
- 10.4　神はサイコロをふる？　ふらない？　179
- 10.5　原子の世界と私たちの世界　180
- 10.6　シュレーディンガーの猫のエピソード　182
- 10.7　パラレルワールドの説　185

Lesson 11 「陽電子」「反陽子」の作り方、教えます ……………… 189
    11.1 アニメ、映画などに出てくる陽電子や反陽子や反物質とは？………… 190
    11.2 反物質は実際にCERNで作られている ………………………………… 194
    11.3 反物質の作り方、教えます ………………………………………………… 195
    11.4 実は身近にも反物質がある？ ……………………………………………… 199
        column　20世紀の巨匠ダリの作品に大きな影響を与えた不確定性原理 …… 202

Lesson 12 世界に終わりがあるの？ …………………………………… 203
    12.1 黙示録 ………………………………………………………………………… 204
    12.2 科学の世界の黙示録 ………………………………………………………… 205
    12.3 宇宙はどんどん加速膨張している ………………………………………… 212
    12.4 真空は空っぽではない？ …………………………………………………… 215

    参考文献 ……………………………………………………………………………… 219
    索引 …………………………………………………………………………………… 223

イラスト：阿保 裕美

Lesson 1

名作『銀河鉄道の夜』に学ぶ星空

―星空から天文に親しもう―

フシギ度
★★★

ロマンチック度
★★★★★

「満天の星空を銀河鉄道が旅をする」

『銀河鉄道の夜』(宮沢賢治著) のロマンチックな物語設定が、
これまでたくさんの日本人の心をとらえてきました。
ところが、この『銀河鉄道の夜』、
実は「星空と星座を学ぶための入門書」でもあることは
意外と知られていません。
『銀河鉄道の夜』は、本当は
「文学とともに星空と星座を学びたい」
「星座は好きだけど、星空を見てもよくわからない」
という方におすすめの本なのです。
それでは皆さん、『銀河鉄道の夜』とともに
星空と星座を学んでいきましょう。

Lesson 1 ★ 名作『銀河鉄道の夜』に学ぶ星空

 『銀河鉄道の夜』は星空のどこを旅するの？

　『銀河鉄道の夜』は宮沢賢治の名作で、ジョバンニとカムパネルラが銀河鉄道に乗って星空を旅する物語です。今回は『銀河鉄道の夜』を通じて星空と星座について学びましょう。皆さんはどれくらい『銀河鉄道の夜』のことを知っていますか？
　それでは最初に、次の「銀河鉄道クイズ」に挑戦してみましょう。

銀河鉄道クイズ

宮沢賢治の名作『銀河鉄道の夜』は、星空のどこを旅するのでしょう？
　　ア　北斗七星と北極星
　　イ　天の川
　　ウ　オリオン座

　さて、どうでしょう？　『銀河鉄道の夜』は名作中の名作なのに、あまり知られていないのではないでしょうか。ちょっと考えてから次の文章を読んでください。

　『銀河鉄道の夜』の舞台は、日本では一部だけですが、真夏の夜に人里離れた明かりが少ないところで見ることができます。
　そんな夜に星がよく見えるところで、8月上旬の夜9時頃に、満天の星空をじっと眺めてみましょう。すると、日本であればだいたい南の地平線から星空の上のほうに向かって、きれいな長い光の帯のようなものが、白くぼんやりと見えるはずです。この白くぼんやりとしたものは、「天の川」と呼ばれるものです。
　天の川は、おり姫星とひこ星が出てくる、あの有名な「七夕伝説」にも出てきます。七夕伝説では「おり姫星」と「ひこ星」が天の川で隔てられています。つまり、天の川が物語のなかで大切な役割を演じているのです。
　『銀河鉄道の夜』でも天の川が大切な役割を演じています。銀河鉄道が「天の川」に沿って星空を旅するのです。以上から、最初の銀河鉄道クイズの答えは「イ　天の川」となります。

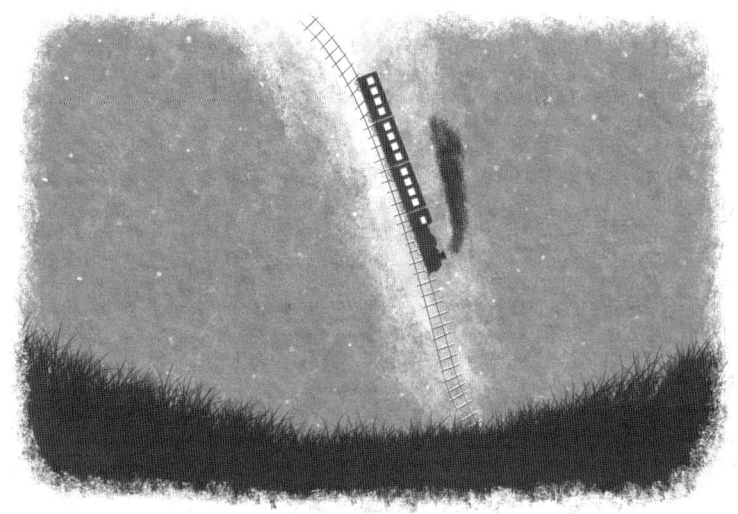

真夏の夜には地平線から上のほうに向かってきれいな天の川を見ることができる。

図 1.1 　天の川と銀河鉄道

このように『銀河鉄道の夜』とは

　　　　ジョバンニとカムパネルラを乗せた銀河鉄道が天の川を旅をする

物語なのです。なんともロマンチックな物語の設定ですね。

天の川は数千億個の星屑でできている

　銀河鉄道が旅をする天の川ですが、それは何からできているのでしょう？　実は『銀河鉄道の夜』はそんな問いかけからはじまるのです。

> 　　　　　　　　　― 　午後の授業
> 「ではみなさんは、そういうふうに川だと言われたり、乳の流れたあとだと言われたりしていた、このぼんやりと白いものがほんとうは何かご承知ですか」
>
> 　　　　　　　　　　　　　　　　　『銀河鉄道の夜』より

この「ぼんやりとした白いもの」の正体はいったい何でしょう？　その答えも、『銀河鉄道の夜』のなかに書かれているのです。

> 「このぼんやりと白い銀河を大きないい望遠鏡で見ますと、もうたくさんの小さな星に見えるのです。ジョバンニさんそうでしょう」
>
> 『銀河鉄道の夜』より

そう、実は天の川はたくさんの星の集まりでできているのです。こんなふうに、『銀河鉄道の夜』には星空入門の説明が書いてあるのです。『銀河鉄道の夜』を読みたくなってきませんか？　でも『銀河鉄道の夜』を読むのはもうちょっと待って、この本を読んでからにしてくださいね。

さて、皆さんは天の川にはどれくらいの星があるか知っていますか？

無数の星のことを星屑といいます。真夏の星空の白くぼんやりとした美しい天の川は、実は数千億もの星屑[*1]が集まってできていると考えられているのです。

天の川の正体は銀河系

さて、天の川は数千億の星屑からできていると考えられていることを紹介しましたが、単に宇宙に星屑が漫然と散らばっているのではありません。これら数千億の星屑は図1.2の写真のように集まって「銀河」と呼ばれるものを作ります。特に私たちの銀河を「天の川銀河」もしくは「銀河系」といいます。

もちろん、銀河系の外に行った人間はいないので、写真の銀河は私たちの銀河系ではありません。これは私たちの銀河系のとなりのアンドロメダ銀河という銀河の写真です。中心付近が明るくなっていて、かたちがとても美しいですね。

---

*1　およそ2000億個ともいわれている。

1.1 『銀河鉄道の夜』は星空のどこを旅するの？

(http://www.photolibrary.jp/)

図1.2　銀河の例：アンドロメダ銀河

　天の川の正体もこのような銀河であると考えられています[*2]。私たちはこの数千億の星屑でできた銀河系のなかにいるのです。私たちの太陽も、この銀河系の数千億の星の1つです。太陽は銀河系の円盤のなかで、中心の明るい部分から離れたところにあります。そのため、銀河系の円盤方向に天の川が見えるのです。

　さて『銀河鉄道の夜』では、ジョバンニが銀河ステーションからいつの間にか銀河鉄道に乗車して大宇宙へと旅立ちます。

> 　するとどこかで、ふしぎな声が、銀河ステーション、銀河ステーションと言う声がしたと思うと、いきなり眼の前が、ぱっと明るくなって、
> ＜中略＞
> 　気がついてみると、さっきから、ごとごとごとごと、ジョバンニの乗っている小さな列車が走りつづけていたのでした。
> 　　　　　　　　　　　　　　　　　　　　　『銀河鉄道の夜』より

　それでは、これから銀河鉄道に乗りながら天の川の旅をはじめましょう。そして、『銀河鉄道の夜』の物語を通じていろいろな星座を覚えていきましょう。

[*2] ただし銀河には、かたち（形態）による分類がある。

1.2 『銀河鉄道の夜』で学ぶ夏の星空

『銀河鉄道の夜』に出てくる星座たち

　銀河ステーションから宇宙に飛び立った銀河鉄道は、天の川に沿っていくつもの星座の旅をはじめます。そこで天の川沿いの星座の例を図1.3に載せました。これらを見て、何の星座かわかりますか？

何の星座でしょう？

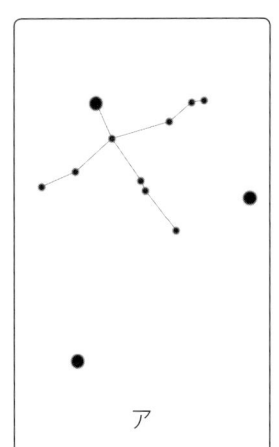
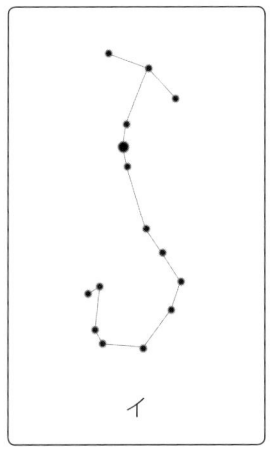
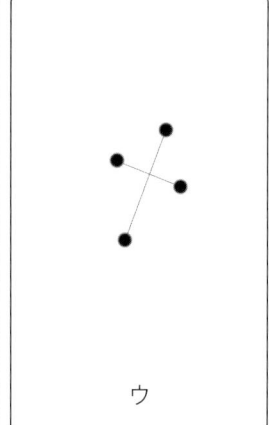

図1.3　天の川沿いの星座の例

　これらは『銀河鉄道の夜』や「七夕伝説」で大切な役割を演じる星座です。でも最初は星がいくつかあるだけで、何の星座だかわからない読者の方もいるかもしれません。でも大丈夫です。

　このLessonに沿って『銀河鉄道の夜』を読み進めるうちに、これらの星座に親しむことができるでしょう[3]。星座に親しむと、これらの星座のかたちも頭のなかに自然と入ってくるものなのです。このLessonを読み終わった季節が夏であれば、

---

[3] 正解は、「ア」がはくちょう座と夏の大三角形、「イ」はさそり座、「ウ」は南十字星。

今夜、実際に星空を見てこれらの星座を確かめてみましょう*4。

銀河鉄道の停車駅、はくちょう座

> 「もうじき白鳥の停車場(ていしゃば)だねえ」
> 「ああ、十一時かっきりには着(つ)くんだよ」
>
> 『銀河鉄道の夜』より

「白鳥の停車場」は星座の「はくちょう座」を指していると考えられます。そこでまず、夏の星空で「はくちょう座」を見つける方法を紹介しましょう。

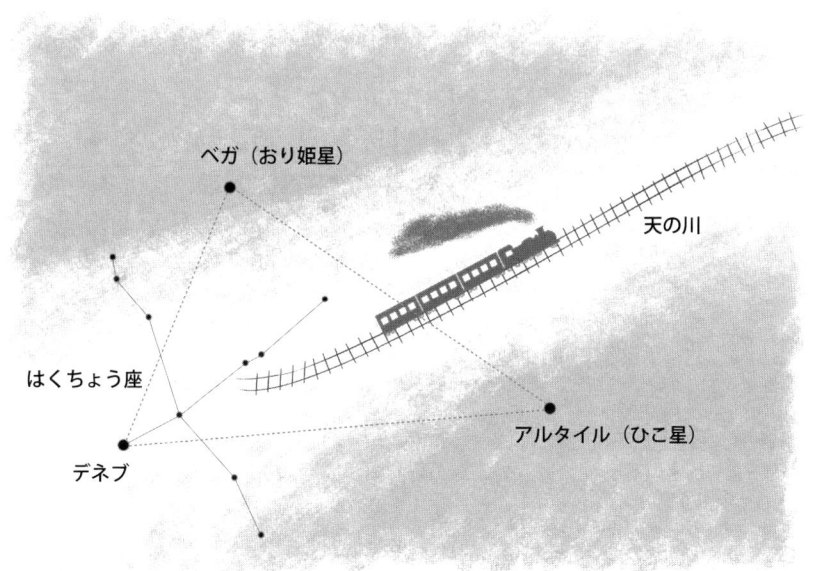

夏の大三角形はデネブ、ベガ（おり姫星）、アルタイル（ひこ星）で作られる細長い三角形である。

図1.4　夏の大三角形とはくちょう座

---

*4　ただし「ア」「イ」のみ。「ウ」は日本ではほとんど見えないので、確かめるのは難しい。

8月上旬の夜9時頃に星空を見上げてください。すると図1.4のように、3つの明るい星で作られる細長い三角形が見えるはずです。この三角形が夏の大三角形といわれる星です。とても明るく、東京でも見ることができます。そして、この夏の大三角形が夏の星座を探す出発点なのです。それではこれから、この「夏の大三角形」を通じて星座を紹介していきましょう。

　まず、図1.4において、細長い夏の大三角形の左下の星が、「はくちょう座」のデネブという星になります。空が十分に暗ければ、このデネブから、白鳥が羽を広げているような星座が見えるはずです。これが「はくちょう座」なのです。このはくちょう座、じっと見てみると「十字架」にも似ています。はくちょう座は別名、「北十字」ともいわれます。

天の川の上を飛ぶ白鳥

　さて、このLessonのはじめに「ジョバンニとカムパネルラを乗せた銀河鉄道が天の川を旅をする」と紹介しました。それでは、はくちょう座の近くに天の川はあるのでしょうか？

　都会の夜は街灯などの影響であまり暗くないので、天の川は見えません。しかし、星がたくさん見える人里離れたところに行くと、はくちょう座に沿って「天の川」がぼんやりと浮かび上がって見えるのです。星座の白鳥は、実はなんと天の川の上を飛んでいたのです。

わし座と七夕伝説

> 「もうじき鷲の停車場だよ」カムパネルラが向こう岸の、三つならんだ小さな青じろい三角標と、地図とを見くらべて言いました。
>
> 『銀河鉄道の夜』より

　はくちょう座を通り過ぎて、天の川に沿って列車の旅を続けていくと、今度は「わし座」に出会います。わし座のなかでいちばん明るい星アルタイルは「夏の大三角形のとがった頂点の星」と覚えておけばすぐに見つかります。図1.4で確認を

しておきましょう。

さて、このわし座のアルタイル、日本では「ひこ星」として知られています。この星は、「七夕伝説の星」でもあるのです。「ひこ星」というと、「おり姫星」を思い出す人も多いでしょう。二人は天帝の怒りを買い、天の川の両岸に離ればなれになっていますが、1年に一度だけ会うことができるという七夕伝説です。

この七夕伝説のおり姫星は、夏の大三角形の1つ、こと座のベガです。ひこ星（アルタイル）とおり姫星（ベガ）が天の川で隔てられていることを図1.4で確かめてみましょう。そして、もしも皆さんが天の川が見えるところに旅行したら、ぜひとも天の川と、天の川で隔てられたおり姫星とひこ星を実際に確かめてみましょう。

美しく明るい天の川とさそり座

> 「あれはなんの火だろう。あんな赤く光る火は何を燃やせばできるんだろう」ジョバンニが言いました。
> ＜中略＞
> 「蠍がやけて死んだのよ。その火がいまでも燃えてるってあたし何べんもお父さんから聴いたわ」
>
> 『銀河鉄道の夜』より

銀河鉄道に乗って天の川を進んでいくと、天の川がとても明るく見えるところにさしかかります。ほかのところの天の川よりも、とても明るいのです。口絵「図2 『銀河鉄道の夜』の舞台」を見てみましょう。確かに、写真のまんなかあたりの天の川が明るくなっていることがわかります。日本では8月頃の夜の9時くらいに、南天の星空を見ると、この美しく光る明るい天の川を眺めることができます。

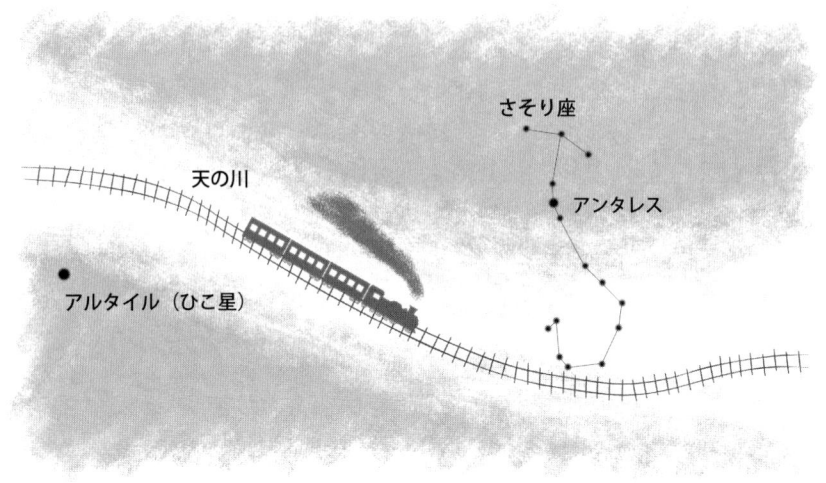

図1.5　明るい天の川、さそり座とアンタレス

　この明るく光る天の川のそばに細長いJ字型、もしくはS字型のかたちをした、赤い星を持つ星座があります。これが「さそり座」です。赤い星は「アンタレス」といい、これが『銀河鉄道の夜』で出てくる「蠍が焼けて死んだ火」ともいわれるものです。さそり座は「細長いJ字型、もしくはS字型」と「赤い星、アンタレス」を目印に探せば、すぐに見つかります。
　さて、ここで1つ疑問がわいてきます。どうしてさそり座のそばの天の川は明るく見えるのでしょうか？
　実は、さそり座のしっぽのそばは、銀河系の中心方向なのです。図1.2のアンドロメダ銀河の写真を見てもわかるように、銀河系は中心付近がいちばん明るく、中心から離れると暗くなっていきます。それで、銀河系の中心方向であるさそり座のしっぽのそばがより明るく見えるわけです[*5]。

[*5] この本では紹介していないが、さそり座の尾の付近の天の川が明るいところに「いて座」がある。このため、しばしばいて座付近が銀河系の中心方向として紹介される。

1.3 『銀河鉄道の夜』で学ぶ南十字星

南十字星と銀河鉄道の夜

> 「もうじきサウザンクロスです。おりるしたくをしてください」
>
> 『銀河鉄道の夜』より

　銀河鉄道は天の川に沿って旅をするわけですが、さそり座は（特に北日本では）けっこう地平線に近い位置にあり、その先の天の川や星座はあまりよく見えません。しかし、銀河鉄道はどんどん旅を続けます。地平線の先にはどんな天の川と星座があるのでしょう？

　地平線の先の天の川は、南のほうに行くと見えてきます。沖縄、そしてサイパン島などに行くと、さそり座より先の天の川がどんどん見えるようになってきます。そして天の川をたどっていくと、図1.6のような、十字架のかたちをした星座に出会います。

図1.6　天の川に浮かぶ南十字星（サザンクロス）、石炭袋とさそり座

これが「サザンクロス」*6、つまり「南十字星」なのです。この南十字星は天の川のなかに浮かんでいるので、簡単に見つけることができます。星空でさそり座から天の川をたどって、十字架のかたちをした4つの星の星座を見つければいいのです。
　『銀河鉄道の夜』では、多くの乗客はこの「南十字星」付近で降ります。多くの乗客にとって南十字星は終着駅なのです。

そらの孔、石炭袋

> 「あ、あすこ石炭袋だよ。そらの孔だよ」カムパネルラが少しそっちを避けるようにしながら天の川のひととこを指さしました。
> 　ジョバンニはそっちを見て、まるでぎくっとしてしまいました。天の川の一とこに大きなまっくらな孔が、どおんとあいているのです。その底がどれほど深いか、その奥に何があるか、いくら眼をこすってのぞいてもなんにも見えず、ただ眼がしんしんと痛むのでした。
>
> 『銀河鉄道の夜』より

　南十字星は天の川に浮かんでいますが、さらに南十字星の左下のそばには「石炭袋」と呼ばれる、天の川に穴があいたような真っ暗なところがあります。これは暗黒星雲なのですが、南十字星のそばにあるので、石炭袋も南十字星を見つけるときの目安になります。つまり、「天の川沿いに、十字架の星とそのそばに真っ暗なところがあれば、その十字架が南十字星」ということになるわけです。口絵「図1　南十字星（サザンクロス）を見てみよう」には、南十字星と石炭袋の写真があるので確認しておきましょう。
　『銀河鉄道の夜』では南十字星付近でほとんどの乗客を降ろしたあと、銀河鉄道に残ったジョバンニとカムパネルラは石炭袋を車窓越しに眺めながら旅を続けます。そして、天の川に沿った銀河鉄道の旅はいつの間にか終わりを迎えます。

---

*6　『銀河鉄道の夜』ではサウザンクロスになっている。

銀河鉄道の路線図

これまで天の川に沿って有名な星座をいくつか紹介してきました。それでは銀河鉄道の路線図を見て、星座を覚えてみましょう。

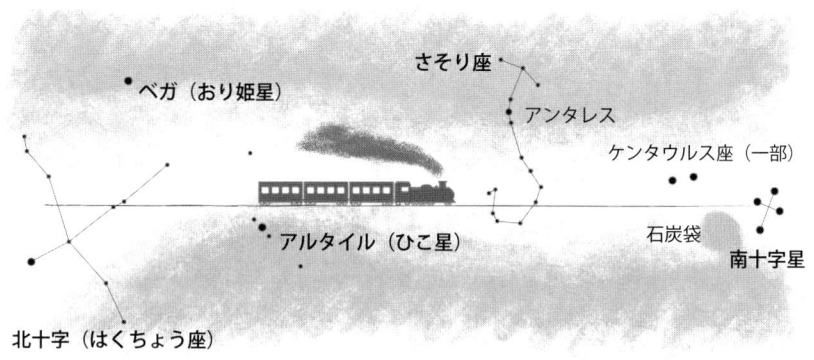

図1.7　銀河鉄道の路線図

> **銀河鉄道クイズ**
>
> 『銀河鉄道の夜』に出てくる以下の星座を、物語に出てくる順番に並べ替えましょう。
>
> さそり座、はくちょう座、南十字星

答えは「はくちょう座→さそり座→南十字星」の順番です。

Lesson 1 ★ 名作『銀河鉄道の夜』に学ぶ星空

column オーストラリアで見られる銀河鉄道の夜の舞台

　それでは、「銀河鉄道の路線図」に見られる『銀河鉄道の夜』の舞台を、実際の星空で眺めることはできるのでしょうか？　残念ながら日本では、この銀河鉄道の舞台を一望することは難しいのです。

　それでは、どこに行けば銀河鉄道の夜の舞台を一望できるのでしょうか？　それはオーストラリアなど南半球の国に行くと簡単に見ることができます。

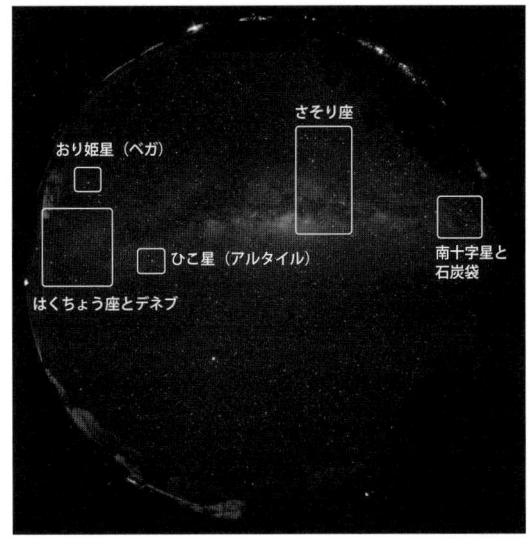

(筆者撮影)

図1.8　『銀河鉄道の夜』の舞台：オーストラリアのウルル（エアーズロック）にて

　この写真はオーストラリアのウルル（エアーズロック[*7]）で8月の新月のときに眺めた星空です。より見やすいカラー写真が口絵「図2　『銀河鉄道の夜』の舞台」にあるので、ぜひ見てください。ウルルでは、この天の川に沿って北十字（はくちょう座）、わし座、さそり座、南十字星がすべて見えます。すなわち、ウルルでは「『銀河鉄道の夜』の舞台」が一望できるのです。

　ここではすてきな星空を眺めることができます。読者の皆さんにも、ぜひとも生の『銀河鉄道の夜』の舞台を眺めてみることをおすすめします。

[*7]　エアーズロックの正式名はウルル。

1.4 天の川の上に浮かぶ星座たち

オリオン座とカシオペヤ

　これまで、天の川沿いの星座を『銀河鉄道の夜』とともに紹介してきました。それでは、天の川に沿って進んでいくと、南十字星の先にはいったい何があるのでしょう？　実は南十字星がある天の川をずっと進んでいくと、再び日本で見慣れた星空に出会います。

　図1.9のように、天の川に沿って進んでいくと南十字星の先には、日本の冬の星座の代表格、「オリオン座」があるのです。細長い四角形のなかに3つの星が並んでいる特徴的なかたちは、冬の東京でもすぐに見つけることができます。ただし、オリオン座付近の天の川は銀河系の中心方向（さそり座のしっぽ付近）からは大きく離れているので大変暗く、肉眼ではなかなか見ることはできません。

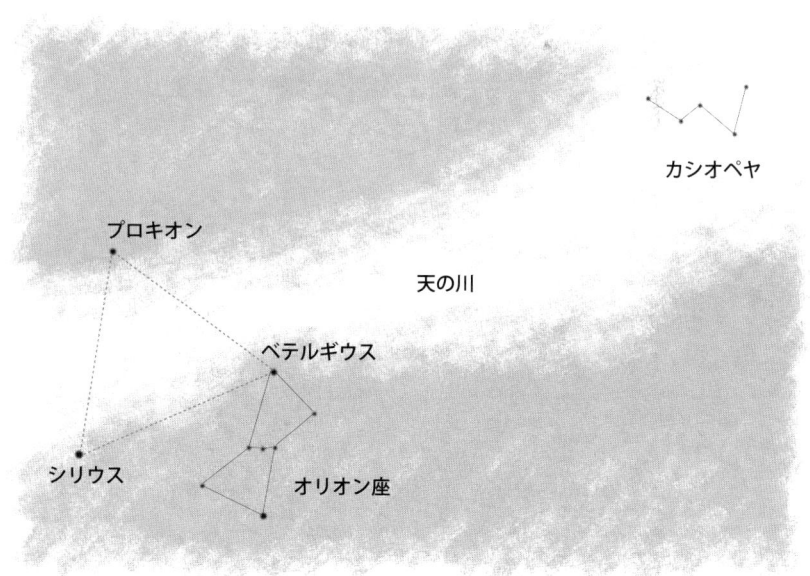

オリオン座、冬の大三角形（ベテルギウス、プロキオン、シリウス）、カシオペヤを確認しておきましょう。

図1.9　天の川のそばにある冬の星座たち

そばには非常に明るい星、シリウスとプロキオンがあります。この2つの星とオリオン座のベテルギウスできれいな三角形を作っているので、これを「冬の大三角形」といいます。

さらに天の川を進んでいくと、「カシオペヤ」にたどり着きます。カシオペヤはかたちがW字型（もしくはM字型）をしているので、「W字型」を目印に北のほうの星空を探すと見つかります。「カシオペヤ」も、実は天の川に浮かぶ星座の1つだったなんて、新しい発見ですね。

口絵「図3　冬の星座と天の川」には、日本の冬の星空と天の川、オリオン座、カシオペヤの写真を載せました。こちらも写真で確認しておきましょう。

天の川に浮かぶ星座たち

天の川に沿った星座の旅も、はくちょう座からはじまり、カシオペヤまでやってきました。それではカシオペヤの先にはいったい何があるのでしょう？　実はカシオペヤを過ぎて天の川を進んでいくと、『銀河鉄道の夜』の停車駅、はくちょう座に戻るのです。なんと星空を一周したのです。こうして天の川に沿った星空一周の旅が終わります。天の川一周の旅は、

はくちょう座→わし座→さそり座→南十字星
→オリオン座→カシオペヤ→はくちょう座

となるのです。こんなふうに星座を『銀河鉄道の夜』と「天の川」で覚えていくと覚えやすいですね。というわけで、さっそく「天の川沿いの星座」を覚えてしまいましょう。

1.4 天の川の上に浮かぶ星座たち

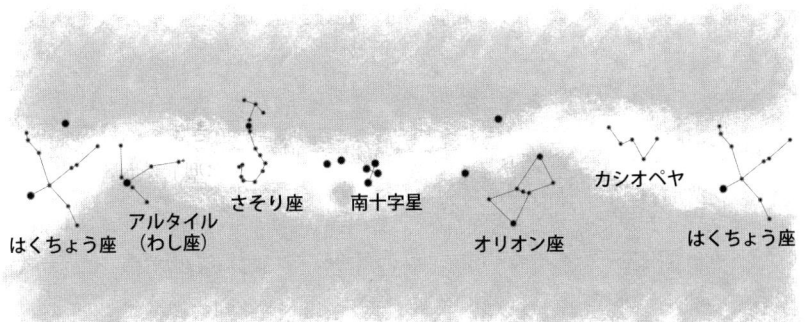

図 1.10 天の川に浮かぶ星座たち

銀河鉄道クイズ

天の川に沿った星座の例を3個あげてみましょう。

答えは、はくちょう座、南十字星、オリオン座などです*8。

---

*8 ほかにも、わし座やこと座、カシオペヤ、さそり座などがある。この本では紹介していないが、いて座などもある。

Lesson 1 ★ 名作『銀河鉄道の夜』に学ぶ星空

column 南の島で南十字星を見てみよう

　銀河鉄道の終着駅、南十字星は日本ではなかなか見ることができません[*9]。南十字星は南に行くほどよく見えるのです。そこで、南十字星をたっぷり眺めたい人は南半球の国、たとえばオーストラリアなどに行くことをおすすめします。

　しかしオーストラリアまで行くのは遠くて大変だという方は、日本から南へ飛行機でわずか3〜4時間程度で行けるサイパンやグアム周辺でも簡単に南十字星を見ることができます。

(筆者撮影)

図1.11　グアム島のそばのロタ島で撮影した南十字星

　ただしグアム地方では、南十字星は地平線の低いところに上ってすぐに沈んでしまいます。南十字星の方向に高い建物や高い山などがあると見えません。地平線の見晴らしが比較的よいところで南十字星を眺めましょう。

　南十字星が比較的見やすい位置にくる時刻（現地時間）は表1.1のようになります。

[*9]　頑張れば沖縄などでぎりぎり見ることはできる。

表 1.1　南十字星が見やすい時刻

月	時刻
2月上旬	4時頃
3月上旬	2時頃
4月上旬	0時頃
5月上旬	22時頃
6月上旬	20時頃
7月上旬	18時頃

　これを見ると、夜更かしをしないでも南十字星が見やすいのは5〜6月頃ということになります。そこでゴールデンウィークにグアム地方に行って南十字星を見るといいでしょう。

　筆者は2008年のゴールデンウィークに、グアム地方のサイパン島のとなりのロタ島で南十字星を眺めてきました。この島は人口が少ないので、きれいな星空を眺めることができるのです。これまで何回も南十字星を見てきましたが、南十字星を見ると、「南の国に来たんだなあ」という気持ちになります。

　ただし残念ながら、南十字星はなんとか見えますが、「銀河鉄道の夜の舞台」、すなわちはくちょう座（北十字）から南十字星までを一望するのは難しいのです。これらの星座は地平線近くにあり、山や建物などの後ろに隠れてしまうからです[*10]。普通に「銀河鉄道の夜の舞台」を見たければ、やはりオーストラリアなどに行きましょう。でも気軽に南十字星を見たいときはグアム地方がおすすめです。

[*10] ゴールデンウィークの頃なら、グアム島で夜0時くらいに、地平線近くに『銀河鉄道の夜』の舞台が原理的には一望できる。

Lesson 2

世界の果てまで旅をする

―宇宙を大きさを変えて眺めてみよう―

フシギ度　　　ロマンチック度
★★★　　　★★★★★

飛行機から見た風景を、皆さんは覚えていますか？

飛行機で地上を飛び立つと、それまで見ていた都市が
ミニチュアの別世界のように見えます。
一方、顕微鏡をのぞくと、不思議なミクロの（小さな）別世界が広がっています。
このように私たちの世界には、大きさを変えるとさまざまな別世界が広がっているのです。
それでは、大宇宙の果てには何があるのでしょうか？
ミクロの世界の彼方には何があるのでしょうか？
今回はミクロの世界から大宇宙まで、大きさを変えていろいろな世界を眺めてみましょう。

2.1 昔の人が考えた「宇宙の果て」と「小さな世界の彼方」とは？

　不思議なもので、大自然の夜空の下で星空を眺めていると、人間は壮大なことを考えるようです。たとえば、「この宇宙の果てには何があるのだろう？」とか考えるわけです。皆さんも、このような経験をしたことがあるのではないでしょうか？

　昔の人々は、この宇宙の果てについていろいろな考え方を持っていました。昔の西洋の宇宙モデルの1つに、「宇宙の中心は地球であり、穴のあいた膜に覆われている。穴の外で炎が燃やされているため、穴が照らされて星のように見える」というものがあります。宇宙そのものがプラネタリウムみたいですね。

図2.1　プラネタリウムのような宇宙

　今度は逆に、小さなものの世界を見てみましょう。顕微鏡を使うと小さな世界が見えます。どんどん小さな世界をのぞいていくと、いったい何があるのでしょう？ギリシア時代、デモクリトス（紀元前460年頃〜370年頃）は「原子論」を唱えました。彼は、これ以上分割できない「アトム」というものを考えたのです。これは現代の「素粒子」という考え方と非常によく似ています。しかし、「これ以上分割できないもの」って、そもそも何なのでしょう？

　21世紀の現在、科学の進歩に伴い、昔の人が考えた宇宙の果て、小さな世界の彼方とは、見方が大きく変わってきています。Lesson 2では「現代版　宇宙の果て、小さな世界の彼方」について学んでいきましょう。

2.2 宇宙鉄道に乗って宇宙の果てまで旅すると？

1mの世界—私たち人間—

ここでは、「宇宙鉄道」に乗って宇宙の果てまで旅をすることにします。今、私たちの体の大きさは1m程度とします。「宇宙鉄道」に乗って、いろいろな大きさのいろいろな別世界を眺めてみましょう。

ここでちょっと疑問がわくかもしれませんね。「身長180cmの人は1mじゃなくて2mでは？」というものです。私たちの宇宙はとても広大です。そこでは、あまり正確な数にこだわっても仕方ありません。

自然科学の世界ではよく、「だいたい」の数が重視されます。特に桁数が重視されます。たとえば、2000円の商品も1000円程度（4桁）と見なすのです。ただし、9000円は1万円と見なします。あとは「だいたい」です[*1]。細かい定義はあまり意味がないのです。これから先は、だいたいの桁数、つまりだいたい「10の何乗か」に注目して宇宙の様子を調べていきます。

10^4mの世界—飛行機から見える世界—

それでは「宇宙鉄道」に乗って宇宙に旅立ちましょう。

宇宙鉄道が地上を飛び立つと、地上の景色が急に小さくなってミニチュアの世界のように見えます。しばらくすると、宇宙鉄道は飛行機が飛ぶのと同じくらいの高さになりました。飛行機はどのくらいの高さを飛ぶのでしょう？　飛行機はだいたい10^4mの高さを飛びます。

富士山などの高い山に登ると空気が薄くなります。高いところほど気圧が低くなるのです。飛行機が飛ぶ10^4mくらいの高度では、気圧は地上の26%くらいに

[*1] 1と10のまんなかは5という見方もあるが、1を2倍しても2であるのに対して、10を$\frac{1}{2}$倍すると5であり2ではない。実は、1と10のまんなかを3.162（$\sqrt{10}$）であるとすると$10 \div 3.162 \approx 3.162$となり、まんなかになるので便利である。そこで1と10のまんなかを3.162（$\sqrt{10}$）とすると、4桁の数で3162円より大きければ10000円、3162円より小さければ1000円というほうが好ましい。しかし、4000円を1000円より10000円に近いというと直感的に納得しにくい人も多いであろう。そこで、この本では細かい区別は気にしないことにする。

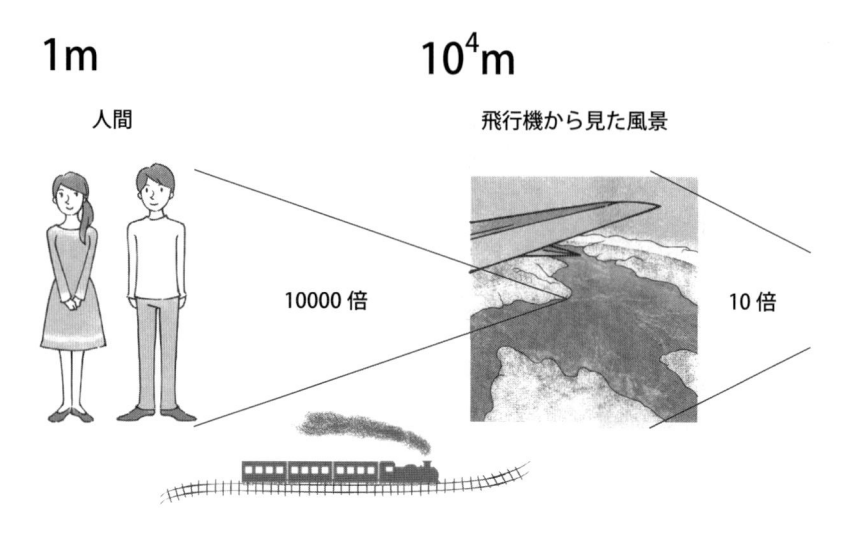

図 2.2　人間と飛行機から見た風景

なります。

10^5m の世界―スペースシャトルの高さから見える世界―

　宇宙鉄道が飛行機よりも10倍高いところまでやってきました。10^5mの世界です。ここは、アメリカの宇宙船、スペースシャトルが飛ぶ高度です。ここまで来ると、空はもう青空ではなく真っ暗です。でも、宇宙鉄道に乗って宇宙に出ると、とても美しい景色が見られます。印象的な写真が図2.3の「宇宙遊泳する宇宙飛行士」です。この写真を見ると「宇宙に行きたいなあ」という気持ちになります。

　10^5mの高さにはロマンチックなものがあります。1つは、Lesson 6で出てくる「オーロラ」です。このあたりで、電子が酸素原子などと衝突してオーロラを作るのです。宇宙遊泳しながらオーロラが見られたら最高ですね。

　そして、もう1つのロマンチックなものがあります。それは「流れ星」です。流れ星は10^5m程度以上から輝きだし、$0.4 \times 10^5 \sim 1.0 \times 10^5$mあたりで消えます。

　10^5mの世界は、流れ星やオーロラが生まれ、そして宇宙飛行士が宇宙遊泳する世界なのです。

10^5m 宇宙遊泳

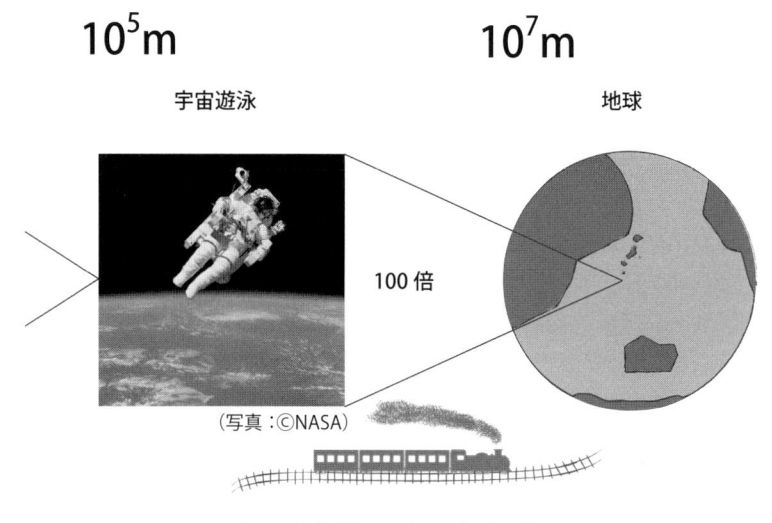

10^7m 地球

100倍

(写真:©NASA)

図2.3 宇宙遊泳する宇宙飛行士と地球

10^7m の世界 ― 私たちの故郷、地球 ―

宇宙鉄道に乗ってさらに宇宙へと旅立つと、「美しく青い地球」の全体が見えるようになってきます。こんな美しい惑星が宇宙にぽっかり浮かんでいるのは不思議ですね。地球の直径は 12756km $\approx 10^7$m です（≈は「だいたい同じ」という意味です）。

10^{13}m の世界 ― 最果ての惑星、海王星 ―

太陽系の長い旅をへて、とうとう宇宙鉄道が海王星（英語名：Neptune）までやってきました。太陽から海王星までの距離は約 4.5×10^{12}m です。図2.4には海王星の軌道を描いていますが、軌道の直径は太陽－海王星間の距離を2倍して、だいたい 9.0×10^{12}m となります。ほぼ 10^{13}m ととらえていいでしょう。これは地球の大きさ 10^7m のおよそ100万倍です。

太陽系の惑星には、太陽のそばから水星、金星、地球、火星、木星、土星、天王星、海王星があり、その先には2010年の時点で、惑星はまだ見つかっていません。

かつては、海王星の軌道の外にある冥王星も惑星として数えられ、「最果ての惑星」とされていました。ところが、2006年の国際天文学連合総会で、冥王星は惑星として認められなくなりました。冥王星のように小さな天体は、ほかにもたくさ

10^7 m / 10^13 m

地球　海王星の軌道

100万倍　太陽　土星　100〜1000倍　地球　天王星　海王星

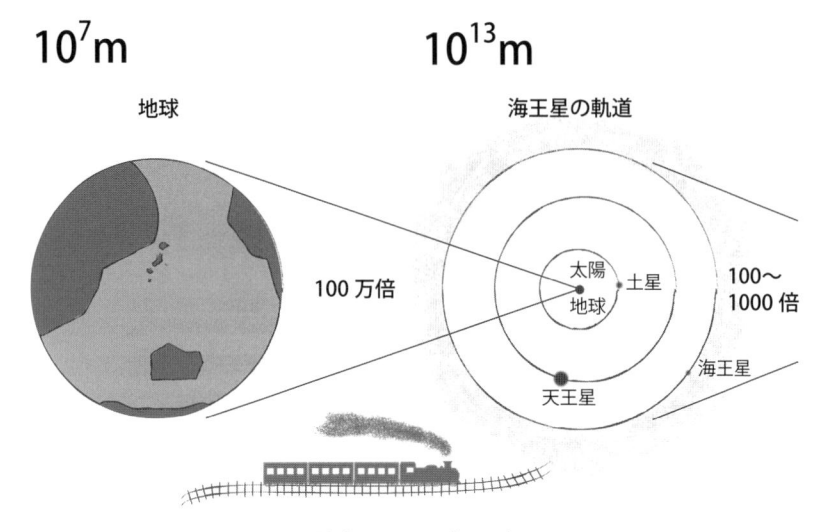

図2.4　地球と最果ての惑星、海王星

んあることがわかってきたからです。このため、海王星は2006年から「最果ての惑星」の地位を得たのです。

10^{15}〜10^{16} m の世界―彗星とオールトの雲―

宇宙鉄道が最果ての惑星、海王星を出ると、もう太陽系の惑星は見つかっていません。しかし、海王星の外のいろいろな方向から彗星が飛んでくることがあります。この彗星はいったいどこからやってくるのでしょう？

これらの彗星[*2]の多くの起源は、太陽を半径1.5×10^{15}〜1.5×10^{16} m で取り囲むと考えられている「オールトの雲」であるとされています。その大きさは、海王星の軌道の直径の100〜1000倍です。ただし、オールトの雲の成因はまだよくわかっていません。

10^{17} m の世界―冬の大三角形の1つ、プロキオン―

宇宙鉄道がオールトの雲を出ると、ようやく地球で見えた星座の星に出会いはじ

[*2]　いろいろな方向からくる長周期彗星。

2.2 宇宙鉄道に乗って宇宙の果てまで旅すると？

10^{15}m～10^{16}m　　　　　10^{17}m

オールトの雲　　　　　　　　プロキオン

10～100倍

海王星の軌道

オールトの雲

プロキオン（冬の大三角形の1つ）

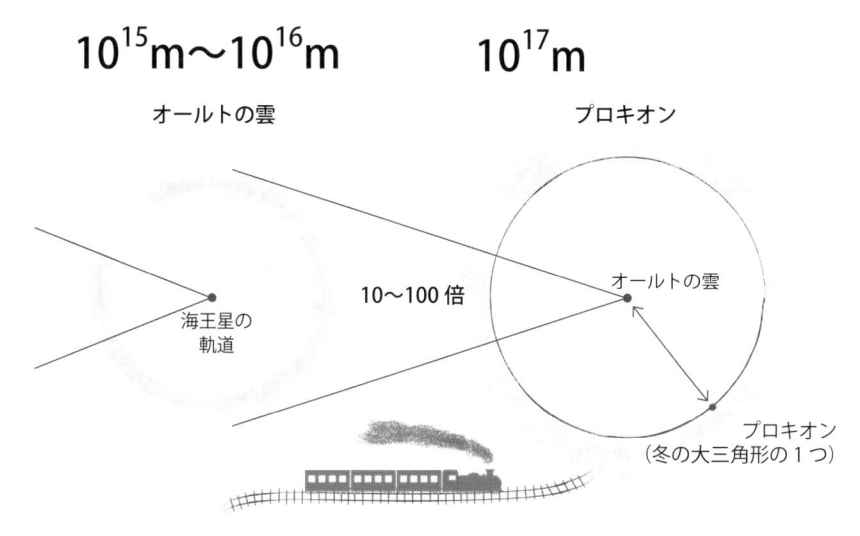

図2.5　オールトの雲と冬の大三角形の1つ、プロキオン

めます。南十字星のそばのケンタウルス座の星（アルファ星）、冬の大三角形のシリウスやプロキオンなどは、地球から10^{16}～10^{17}mあたりにあります。図2.5ではプロキオンを取り上げています。この星は光でも地球から11年もかかるところにあり、その距離はだいたい1.0×10^{17}mです。これは、オールトの雲の10～100倍の距離です。

10^{21}mの世界―銀河系―

宇宙鉄道に乗ってさらに地球から離れていくと、地球で見えた星座の星にたくさん出会います。地球から見える星の多くは私たちの銀河系のなかにあるのです。そしてさらに遠くに行くと、それらの星が数千億集まったもの、つまりLesson 1で出てきた銀河系が見えるようになってきます。銀河系はどれくらい大きいのでしょう。銀河系には数千億の星があるのですから、ものすごく大きいと考えられます。

私たちの銀河系の直径は9.3×10^{20}mくらいで、だいたい10^{21}mととらえておけばいいでしょう。この大きさはプロキオンまでの距離の約1万倍です。

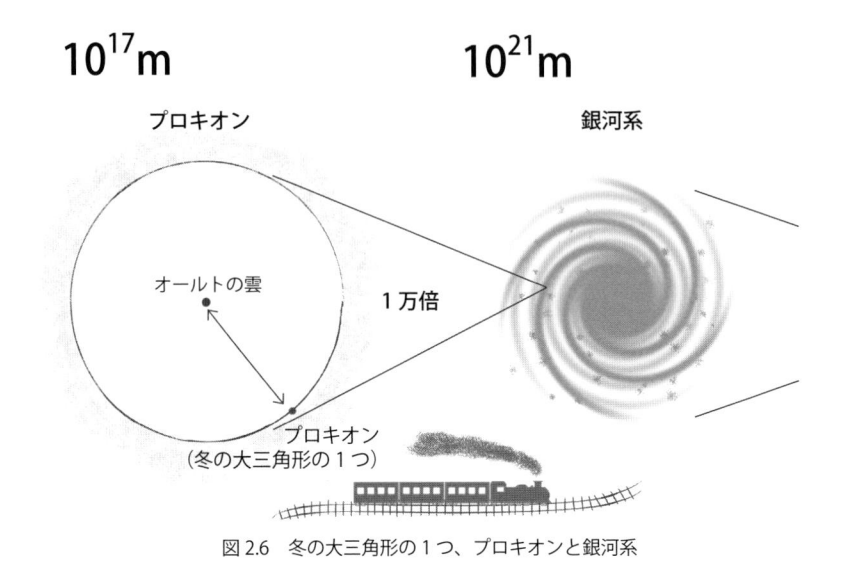

図 2.6　冬の大三角形の1つ、プロキオンと銀河系

10^{24} m の世界—星屑のように見える銀河—

　宇宙鉄道が銀河系を出ると、南半球でよく見える「大マゼラン星雲」「小マゼラン星雲」があります。これらも銀河の一種です。銀河系の大きさの数十倍にあたる 10^{22} m 程度まで旅をすると、今度は「アンドロメダ銀河」が見えてきます。

　さて、大宇宙には私たちの銀河だけでなく、ほかにも銀河がたくさんあります。大宇宙では、銀河がたくさん集まって銀河群、さらに銀河が集まって銀河団、さらに銀河群や銀河団が集まって超銀河団というものを作っています。

　10^{24} m くらいになると、銀河系の大きさ 10^{21} m の1000倍ほどですから、もう1つひとつの銀河はまるで1個の小さな星のように見えます。「星屑の銀河」が見える世界なのです。

10^{26} m の世界—宇宙の果て—

　さて、宇宙鉄道が宇宙の果てにやってきました。「宇宙の果てをどう考えるか」というのはけっこう難しいことなのですが、ここではいちばん単純な解釈を紹介しましょう。現在は私たちの宇宙が誕生してから約138億年たっているとされています。そこで、光が138億年かけて進む距離を「宇宙の大きさ」としましょう。これ

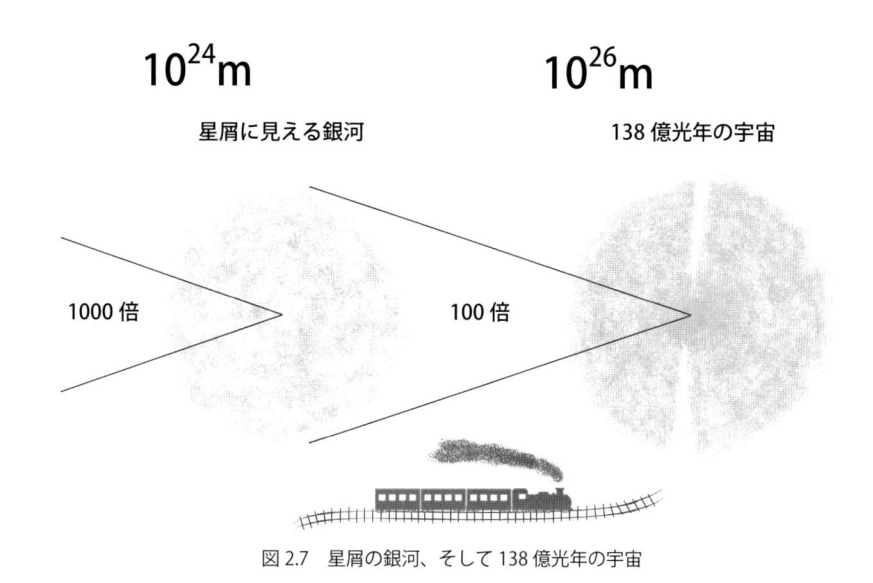

2.2 宇宙鉄道に乗って宇宙の果てまで旅すると？

10^{24}m
星屑に見える銀河

10^{26}m
138億光年の宇宙

1000倍

100倍

図 2.7　星屑の銀河、そして 138 億光年の宇宙

を138億光年といいます。

ここで、光の速さ（光速）は3.0×10^8m/秒です。地球を1秒で約7.5周回る速さです。138億年ではだいたい10^{26}m進みます。つまり、宇宙の大きさはこの観点からすると10^{26}mとなるわけです。つまり、私たちの宇宙の観測的大きさはだいたい

100000000000000000000000000m（ゼロが26個！）

なのです。

ここで宇宙鉄道は長い宇宙の旅を終えます。

宇宙クイズ

1. 宇宙の大きさは？
2. 冬の大三角形の1つ、プロキオンまでの距離は？

答えは「1.　10^{26}m、2.　10^{17}m」です。

Lesson 2 ★ 世界の果てまで旅をする

2.3 魔法で体を小さくすると見えるミクロの世界

これまでは、宇宙鉄道に乗って宇宙の果てへ向けて旅をしてきました。そして、私たちが生きている同じ宇宙なのに、大きさを変えるだけでまったく違う世界が広がっていることを見てきました。さて今度は、魔法で体を小さくして旅に出ましょう。ここでも、私たちの体の大きさは1mとします。いったいどんなミクロの（小さな）別世界が現れるのでしょう？

10^{-3}m の世界—雪の結晶—

文房具として普段使う定規の最も小さな目盛は普通1mmです。10mmが1cmで、100cmが1mなので、$10 \times 100 = 1000$mmが1mになります。そこで、定規の最も小さな目盛である1mmからミクロの世界の旅をはじめることにしましょう。

1000mm = 1mなので、1mmは10^{-3}mです。そこでまず、1mの人間を魔法で$\frac{1}{1000}$倍して10^{-3}mの人間にしてみます。すると、私たちの世界とはまったく違う世界が広がっています。

10^{-3}mの世界には、とても美しいものがいろいろあります。1つは、雪の結晶の世界です。雪は氷の結晶の大きさが0.1mm以上になったものです。大きさはかなりまちまちで、場合によっては1cmの大きな雪の結晶を肉眼で見ることもできます。つまり、同じ雪の結晶といっても100倍近く大きさが異なるのですが、ここでは中間の10^{-3}mとして取り上げてみました。

たとえば、北海道の大雪山系では美しい雪の結晶を見ることができます。図2.8の雪の結晶の写真は、筆者が撮影したものです。読者の皆さんもスキー場などに行ったとき、自分のスキーウェアの上に降り積もった雪を見てみましょう。運がよければ、虫眼鏡なしで美しい雪の結晶が見えますよ。

さて、雪の結晶にはいろいろなかたちがあります。上空の気温や湿度によって、いろいろな結晶のかたちができます。実際にどのようなかたちができるかは、中谷宇吉郎によって研究され、「ナカヤダイヤグラム」として知られています。たとえば枝先がとがった樹枝状の雪の結晶は、上空が-15℃ぐらいで水蒸気が多かったことを示唆しています。雪の結晶から上空の様子が推測できるので、「雪は天から送

1m　　　　　　　　10^{-3}m

人間　　　　　　　雪の結晶

$\frac{1}{1000}$倍　　　　　$\frac{1}{10}$倍

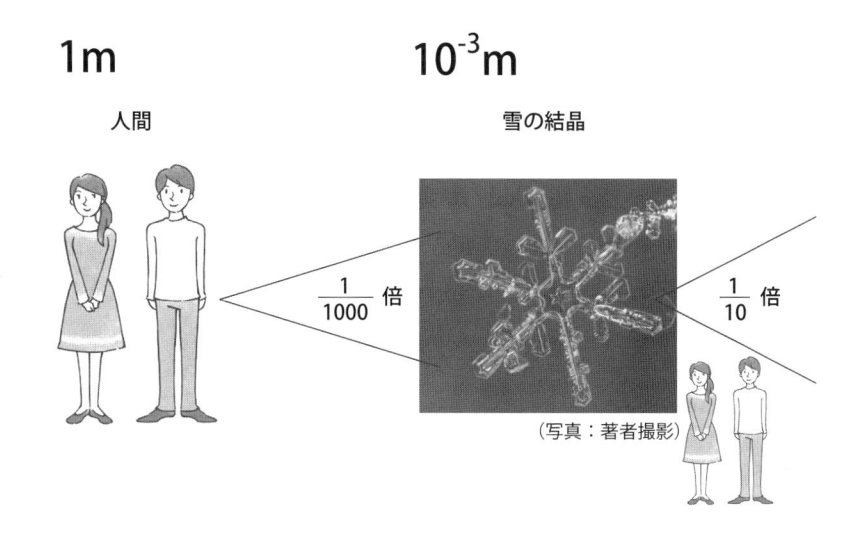

(写真：著者撮影)

図 2.8　人間と雪の結晶

られた手紙」などともいわれるのです。

10^{-4}m の世界―ボルボックスの世界―

　魔法で人間の体をさらに$\frac{1}{10}$倍してみます。そこには10^{-4}mの美しい世界が広がっています。たとえば微生物。よく見るととてもきれいです。ここでは、いろいろな大きさの微生物のなかでも美しい、10^{-4}m程度の「ボルボックス」を紹介します。ボルボックスは池や田んぼなどに普通に生息する生物で、たくさんの細胞が集まって群体を作っており、日本では0.2〜0.8mmのボルボックスがよく見られます。

　このボルボックスはきれいなので、筆者は微生物のなかでとても気に入っています。生物とは思えない、まるでデザイナーが作った作品のようです。

10^{-7}m の世界―光の世界―

　魔法で人間の体をさらに$\frac{1}{1000}$倍してみます。10^{-7}mの世界です。ここは、私たちが今まさに見ている光の世界になります。目を開くと見える、太陽とか蛍光灯とかの普通の光です。

10^{-4} m 10^{-7} m

ボルボックス   可視光の波長

光の波

$\frac{1}{1000}$ 倍

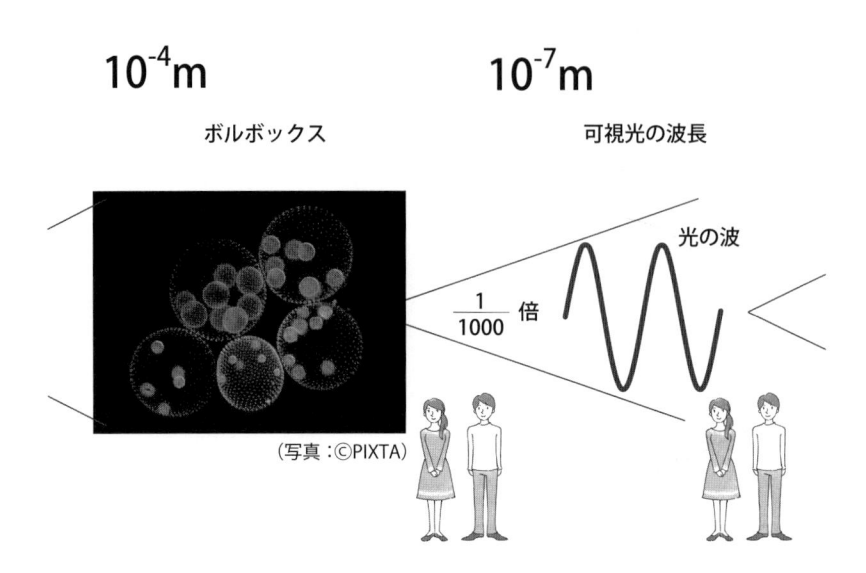

(写真：©PIXTA)

図 2.9　ボルボックスと可視光の波長

　Lesson 3で詳しく説明しますが、実は、光は波としての性質を持つのです。波とは海の波や地震の波のようなものです。両手でひもを持って揺らすと、図2.9の右のような波のかたちができるはずです。私たちが今見ている光は、波の波長がだいたい$3.8 \times 10^{-7} \sim 7.8 \times 10^{-7}$mの光なのです[*3]。

10^{-10}m の世界——原子で作られた私たち——

　魔法で人間の体をさらに$\frac{1}{1000}$倍してみます。10^{-10}mの世界です。今度は原子の世界になります。私たちの世界にはたくさんの種類の原子があります。たとえば、酸素、水素、窒素、炭素、金、銀、銅、鉄などの原子です。

　私たちも炭素、水素、酸素などの原子で作られています。これら原子はまんなかに「原子核」があり、その周りを「電子」がくるくると回っています。この電子がくるくる回っている大きさ（直径）が10^{-10}mくらいなのです。電子はマイナスの電気を持っています。私たちがいつも使っている家庭の電気は、この電子によるものです。

---

*3　波長は波の長さ。Lesson 3で紹介する。また、$3.162(\sqrt{10})$をまんなかとする定義によれば、$3.8 \times 10^{-7} \sim 7.8 \times 10^{-7}$mは$10^{-6}$mのほうに近い。しかし、ここではわかりやすさを重視して10^{-7}mとしている。

10^{-10}m　　　　　　　　10^{-15}m

原子　　　　　　　　　陽子と中性子

●電子　　　　　●陽子
●原子核　　　　○中性子

$\frac{1}{1000}$倍

$\frac{1}{10^5}$倍

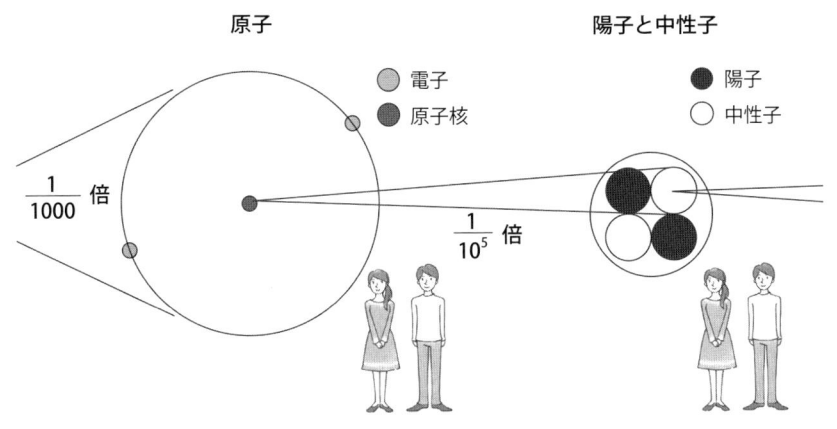

図 2.10　原子、原子核、陽子、中性子

2.4 原子よりも小さな究極の世界に見えるもの

10^{-15}m の世界—陽子と中性子—

　原子のまんなかにある原子核はどれくらいの大きさなのでしょう？　原子核を調べるために、魔法で人間の体をさらに$\frac{1}{10^4}$～$\frac{1}{10^5}$倍してみます。10^{-14}～10^{-15}mの世界です。ここは原子核の世界です。この原子核は「陽子」と「中性子」からできています。陽子は、電子とは反対のプラスの電気を持っています。中性子は「中性」の名のとおり、電気を持っていません。陽子と中性子の大きさはだいたい10^{-15}mです。

10^{-18}m の世界—素粒子の世界—

　魔法で人間の体をさらに$\frac{1}{1000}$倍してみます。10^{-18}mの世界です。陽子や中性子は「クォーク」という素粒子からできていることが知られています。クォークの大きさは10^{-18}m以下と考えられています。

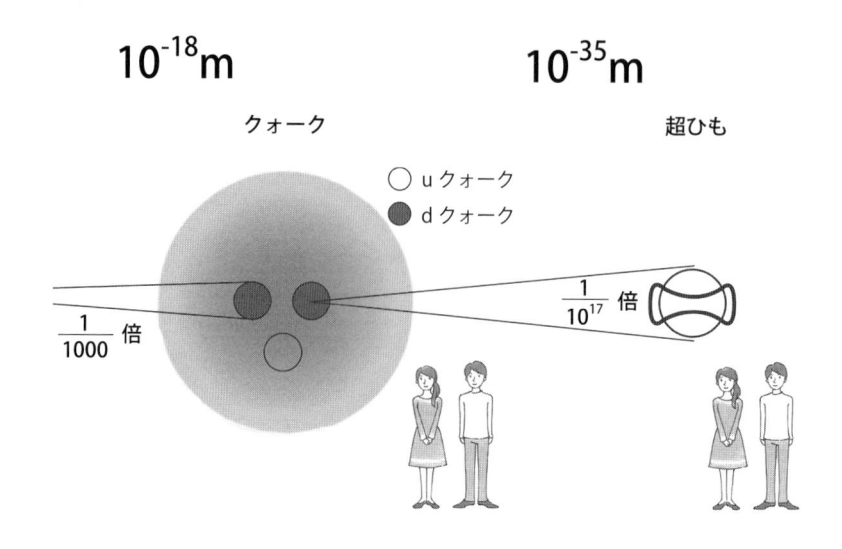

図 2.11　クォーク、超ひも

　クォークにはアップクォーク（uクォーク）やダウンクォーク（dクォーク）などがあります。たとえば、陽子は「アップクォーク2個、ダウンクォーク1個」でできていて、中性子は「アップクォーク1個、ダウンクォーク2個」でできています。

　アップ、ダウンは英語のup、downです。クォークはジェイムズ・ジョイスの小説『フィネガンズ・ウェイク』に出てくる鳥の鳴き声「quark」からとったそうです。「なんだかなあ」という感じですね。

　クォークは、これ以上分割できないものと考えられています。これ以上分割できないものを「素粒子」と呼んでいます。先ほど出てきた電子も「素粒子」と考えられています。これ以上分割できない「素粒子」という存在。何かすてきですね。

　素粒子はクォークと電子だけなのでしょうか？　実はほかにも、電子に似た「ニュートリノ」という素粒子があります。小柴昌俊は、この宇宙ニュートリノの検出で2002年にノーベル物理学賞を受賞しました。電子とニュートリノを合わせて「レプトン」といいます。

　私たちの世界の物質は、クォークとレプトンからできているのです[*4]。

[*4]　アップクォーク、ダウンクォーク、電子、ニュートリノの4つを合わせて「第1世代」と分類される。クォークとレプトンには、より質量の大きいチャームクォーク、ストレンジクォーク、ミュー粒子、ミューニュートリノ（4つ合わせて第2世代）、そしてさらに質量が重いトップクォーク、ボトムクォーク、タウ粒子、タウニュートリノ（4つ合わせて第3世代）があることが知られている。ただし、ニュートリノについては質量の上限のみわかっている。

10^{-35}m の世界―小さな究極の世界に見えるもの―

さて人間は、「素粒子」が見つかると、「もっと小さいものはないの？」と考えるようです。それでは、クォークやレプトンよりも小さな物質はあるのでしょうか？

そこで今度は、なんと体をさらに$\frac{1}{10^{17}}$倍してみます。10^{-35}mの世界です。想像を絶するミクロの世界です。この世界には、ある究極のミクロ物質があると考えている人もいます。究極のミクロな物質の候補として、「輪ゴム」のようなものが考えられているのです。そして、その輪ゴムの振動の仕方によって、いろいろな粒子になるというものです。この輪ゴムのようなものの大きさは、なんと10^{-35}m。

$$0.00000000000000000000000000000000001\text{m}$$

です。クォークを$\frac{1}{10^{17}}$倍した大きさです。途方もなく小さなものですね。

輪ゴムが粒子というと不思議に思うかもしれません。でも、輪ゴムを遠くから見たら、どうでしょう？　粒子に見えませんか？

図 2.12　輪ゴムは離れて見ると粒子に見える？

これは「超ひも理論」から出てくる話です。すでに巷には、いくつかの一般向けの「超ひも理論」の本が出ています。ただし、この理論はまだ「未完成」であり「発展途上」です。間違いかもしれないし、正しいかもしれないのです。それにもかかわらず、たくさんの超一流の素粒子物理学者がこの理論の完成に向けて日夜努力しています。うまくいくといいですね。

素粒子クイズ

陽子、中性子は何からできているでしょう？

答えは「クォーク」です。

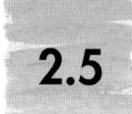

2.5 宇宙を知るためには素粒子を知らなければならない？

さて、これまで「宇宙の果て」と「小さな世界の彼方」を学んできました。これらは、まったく逆のことなのでしょうか？ 実は、これらは「宇宙の歴史」というキーワードで互いに結びついているのです。大きな宇宙と小さな世界が、なぜ「宇宙の歴史」で結びつくのでしょう？

膨張している宇宙

「ビッグバン」という言葉、皆さんもどこかで聞いたことがあると思います。これは、私たちの宇宙は今から138億年前、ビッグバンという大爆発ではじまったという考え方です（Lesson 5で詳しく説明します）。

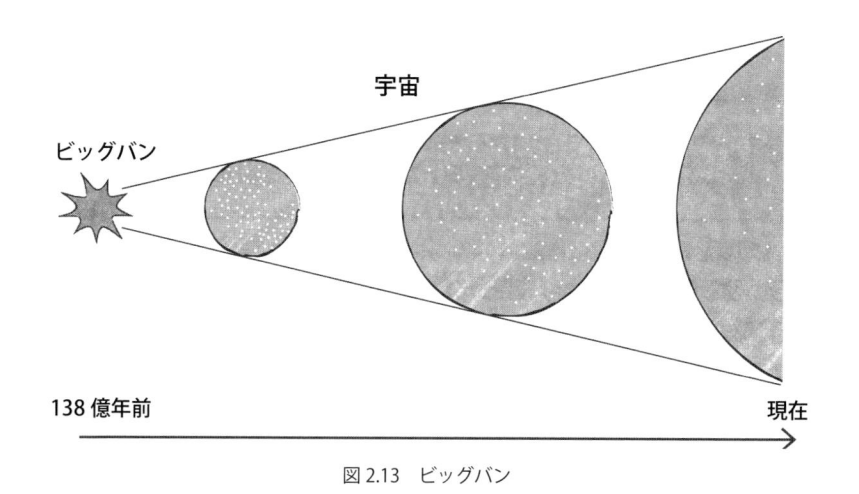

図 2.13　ビッグバン

それでは、その後宇宙はどうなったのでしょう？ 詳しくはLesson 5で説明しますが、簡単にいえば、宇宙は現在まで、風船を膨らますように膨張していることが知られています。つまり、宇宙は膨らむ風船のようにどんどん大きくなっているのです。

ということは、昔になればなるほど宇宙は小さかったということになります。さ

らにさかのぼると、雪の結晶と同じくらいの大きさの宇宙、原子の大きさくらいの宇宙なんて時代もあったのです[*5]。

そうすると、マクロな（大きな）宇宙を知るためには、原子、素粒子などのミクロな世界のことを知らなければならないのです。

宇宙はウロボロスというヘビ？

このへんのことを表しているのが「ウロボロス」の絵です。ウロボロスはヘビが自分の尾をのみ込んで輪になっている不思議な絵で、無限の象徴とされています。このウロボロス、図2.14のようなかたちで、宇宙の世界にもしばしば登場します。ウロボロスの頭を大宇宙に見たて、だんだんと小さくなっていく世界が描かれています。尾はいちばん小さな物質になっています。ウロボロスは自分の尾をのみ込んでいますが、これは大宇宙と素粒子がつながっていることを示唆しています。

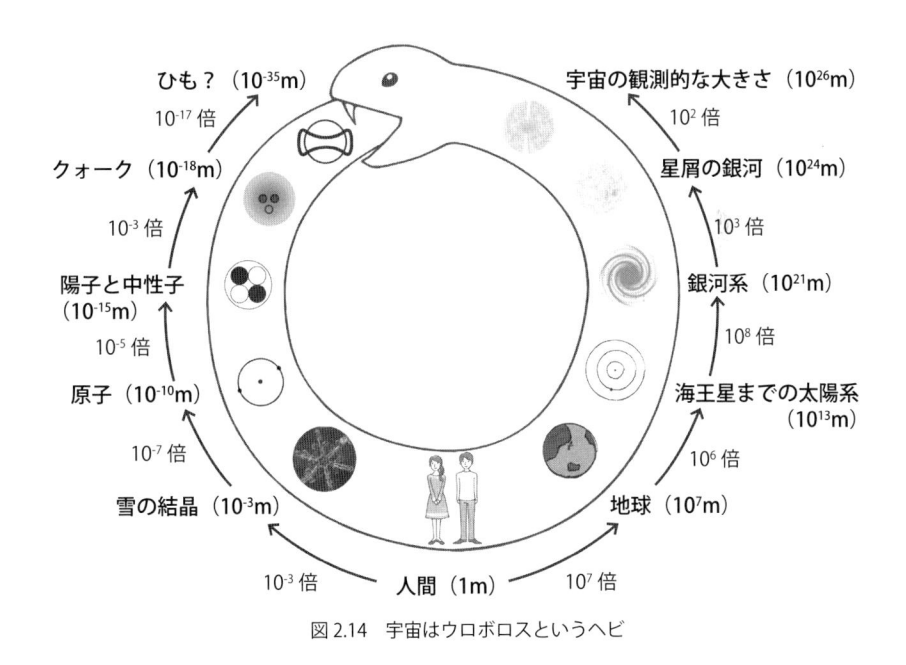

ひも？ (10^{-35}m)　　　　宇宙の観測的な大きさ (10^{26}m)
　　10^{-17}倍　　　　　　　　　10^{2}倍
クォーク (10^{-18}m)　　　　星屑の銀河 (10^{24}m)
　　10^{-3}倍　　　　　　　　　10^{3}倍
陽子と中性子 (10^{-15}m)　　銀河系 (10^{21}m)
　　10^{-5}倍　　　　　　　　　10^{8}倍
原子 (10^{-10}m)　　　　　　海王星までの太陽系 (10^{13}m)
　　10^{-7}倍　　　　　　　　　10^{6}倍
雪の結晶 (10^{-3}m)　　　　地球 (10^{7}m)
　　10^{-3}倍　　人間 (1m)　　10^{7}倍

図2.14　宇宙はウロボロスというヘビ

[*5] ここでの説明は、わかりやすさのためにかなり簡略化している。本当に宇宙風船があるわけではない。また、Lesson 4で紹介するが、宇宙はビッグバンの前にはインフレーション宇宙と呼ばれる時期があり、さらに宇宙が小さかった時代があったと考えられている。ここでは、このインフレーション宇宙も含めている。

ウロボロスの図は「マクロな宇宙を知るためには、ミクロな素粒子を知らなければならない」ことを示唆しているのです。

column 「パワーズ・オブ・テン」と「火の鳥」

この世界が大きさを変えるだけで、いろいろな別世界が出現する様子を映像化した歴史的な作品があります。チャールズ＆レイ・イームズの「パワーズ・オブ・テン」です[*6]。この作品は、大きさを変えることによって、私たちの身近な風景から、地球、太陽系、銀河、そして原子、原子核、といったまったく異なる風景が出現する映像となっています。

1977年製作なので、かなり昔の作品ですが、この作品を超える科学教育映像はなかなか見あたりません。機会があったらぜひ見てください。きっと、宇宙の壮大さ、大きさを変えるだけで同じ世界にいろいろな世界が現れる不思議さを体感できるはずです。

もう1つは、マンガで表現した手塚治虫の『火の鳥 2 未来編』[*7]です。この作品では、「火の鳥」が「山之辺マサト」に生命の神秘を教えるためにミクロな世界から大宇宙まで連れて行き、それぞれの大きさの世界で「宇宙生命」が息づいていることを伝えます[*8]。

どちらも、私たちが普段目にしている風景は、ミクロな世界から大宇宙に至るいろいろな世界のうちのごく一部を見ているにすぎない、ということを教えてくれます。

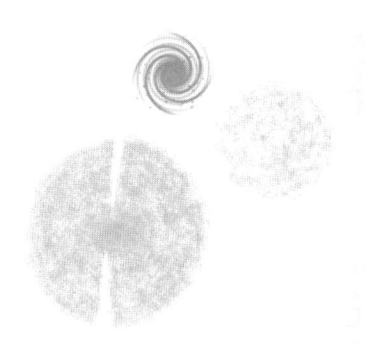

[*6] チャールズ＆レイ・イームズ監督「EAMES FILMS：チャールズ＆レイ・イームズの映像世界」(DVD) パイオニアLDC (2001)
[*7] 手塚治虫著『火の鳥 2 未来編』朝日新聞出版 (2009)
[*8] これはもちろんマンガ上の話で、科学としては事実ではない。念のため。

Lesson 3

月の空は何色か？
―月でも青空は見えるのか？―

フシギ度
★★★

ロマンチック度
★★★★

なぜ、空は青く、夕焼けは赤く、雲は白いのでしょう？
もしも月旅行ができたら、月の空はどのようになっているのでしょう？

宇宙と物理のことを知るためには、
「光」がとても重要な役割を果たします。
この本でも、光の話が何回も出てきます。
このLessonでは、地球と月の空の話を通じて、
いくつかの光の性質について学びます。

Lesson 3 ★ 月の空は何色か？

3.1 地球の芸術、虹、青空と夕焼け

なぜ、空は青く、夕焼けは赤く、雲は白いのか

　私たちの地球では、日々美しい自然の姿を見ることができます。たとえば沖縄の離島に行くと、図3.1の左のようにいかにも夏らしい青い空、白い雲が広がっています。

(筆者撮影)

図3.1　青空と夕焼け

　また、図3.1の右のように、海で見る夕焼けもきれいです。写真はニューカレドニアの夕焼けですが、「南の島の静かな海と夕焼け」は何度眺めても飽きることがありません。さて、それでは問題です。

　　　　　なぜ、空は青く、夕焼けは赤く、雲は白いのでしょう？

　あらためて考えてみるとフシギですね。これらのフシギを解決するためには、まず「光」や「色」についての知識が必要になるのです。そこで、光の基本を学んでいきましょう。

虹は何色？

　光を学ぶうえで、いちばんわかりやすいのは「虹」です。虹は雨上がりなどに

見ることができます。

(http://www.photolibrary.jp/)

図 3.2　虹

　特にグアムなどの南の島で、雨上がりに見える虹は本当に感動ものです。この虹、何色からできているか知っているでしょうか？
　一般的に虹の色とは、

赤　橙　黄　緑　青　藍　紫

の7色です。虹の色と順番は重要なので、ぜひ覚えておきましょう。

光波と波長

　虹には7色あることがわかりましたが、なぜ虹には7つの色があるのでしょう？それは光のことをもう少し知るとわかります。まず、光の基本的な性質として

光は波としての性質を持つ

ということが知られています。波とは、海の波や地震の波のようにゆらゆらしたものです。ただし、海の波や地震の波は複雑なので、図3.3のような、同じかたちの波が続いているきれいな波を考えましょう。

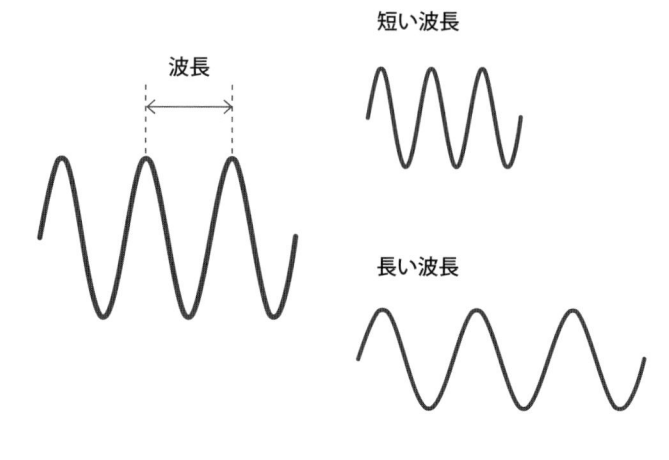

図3.3　波の波長

　「波1個分の長さ」を波の長さということで「波長」といいます。図を見ると波長の意味がすぐにわかりますね。それでは、この「波長」は光とどのような関係があるのでしょうか?

　それは、光の波長が変わると、色が変化するのです。たとえば、光の波長がある程度短いときは光は青色なのですが、光の波長が長くなると光は赤くなります。

　このように波長ごとに色が変わるのですが、それを覚えるのは大変です。でも、それを大まかに理解する方法があります。それが、次に説明する「虹と波長」です。

虹は白色光からできている

　虹は光について実にさまざまなことを教えてくれます。虹はどのようにして作られるのでしょう？　虹は太陽などの白色光が、水滴やプリズムなどの物質を通るとできます。

　たったこれだけの事実から、虹についての重要な結論が出てきます。つまり、「太陽の白色光が水滴に当たって虹の7色ができる」→「白色光から虹の7色ができる」ということになるわけです。これを逆にしてみると「虹の7色から白色光ができる」となります。少し言い換えると次のようになります。

3.1 地球の芸術、虹、青空と夕焼け

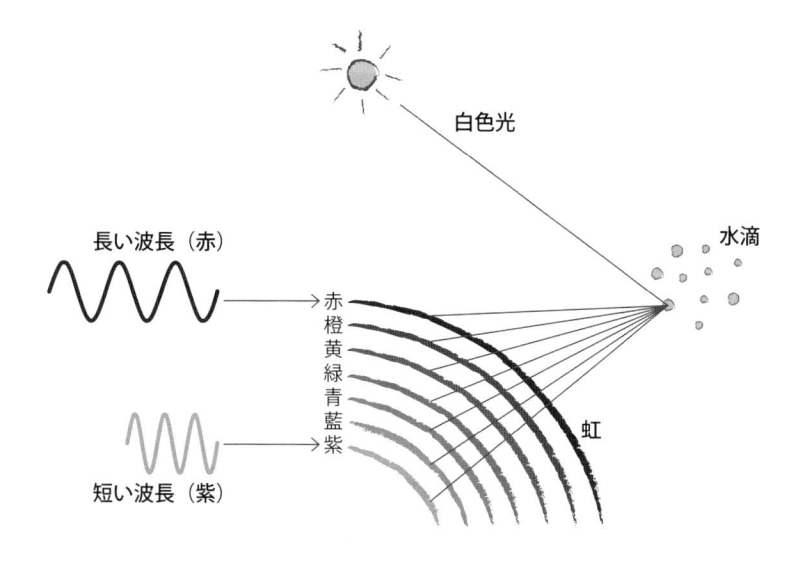

図 3.4 白色光からできる虹とその波長

虹の7色の光を混ぜると白になる

　本当にそうなっていることを図3.4の虹の絵を見て納得しておきましょう。このように、「白色」という色は赤や黄と違い、虹の7色の光を混ぜ合わせたものなのです。

　さて、この虹の7色、実は先ほど学んだ「波長」が深くかかわってきます。虹の7色は光の波長の順番に並んでいるのです。赤い光は波長が長く、橙→黄→緑→青→藍→紫となるにつれてだんだん波長が短くなるのです。

赤は波長が長く、紫（青）は波長が短い

　これも図3.4を見て確認しておきましょう。ただし、波長が短い光として、しばしば紫でなく青い光が紹介されます。これは、人間の目は紫よりも青に対してのほうが感度がよく、そのため青のほうがよく見えるためです。

そして、虹は厳密に7色というものではなく、波長が変わるにつれてだんだん色が変化していくのです。また、虹の色は波長の順番に並んでいるので、虹の7色を覚えておけば、波長と色の関係もわかるのです。以上で学んだ白の性質と虹の色と波長の話は、あとで青空や夕焼けを理解するうえで大変重要になります。

> **虹クイズ**
>
> 赤、青、緑を波長の短い順番に並べてください。

答えは、虹の順番に「青→緑→赤」です。

紫外線は「見えない光」

さてそれでは、虹はこの7色だけなのでしょうか？ 実は虹のいちばん下の紫の下には、紫よりも波長の短い「紫外線」という光があるのです。紫外線は特に夏の海岸などで肌を日焼けさせる光です。ただし、人間は紫外線を光として知覚できないので紫外線が見えないのです。

同じように、虹のいちばん上の赤の上には赤外線があります。これも目には見えませんが、赤よりも波長の長い光です。

このように、光には「目に見えない光」があります。私たちにとって見える光は、波長がだいたい3.8×10^{-7}m（紫）〜7.8×10^{-7}m（赤）の光のみで、これを可視光などといいます。図3.5に、波長のいろいろと違う光を載せました。図の下部には具体的な波長の長さが書いてあります。

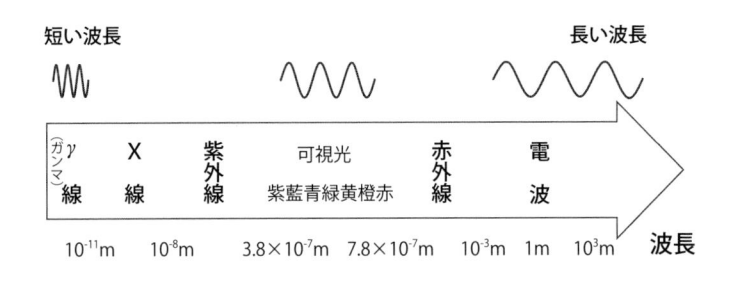

図3.5 光の波長の分布

図3.5のように赤外線よりもさらに波長を長くしていくと、今度は「電波」になります。テレビや携帯電話の電波です。電波も目には見えませんが同じ「光」で、単に波長がすごく長いだけなのです。
　逆に光の波長を可視光よりもずっと短くしていくと、今度は紫外線、X線、γ（ガンマ）線[*1]になります。このように光を波長で理解していくとスッキリするのです。

> **波長クイズ**
>
> 電波、紫外線、赤、赤外線を波長の短い順に並べてください。

　答えは「紫外線→赤→赤外線→電波」の順です。

3.2 アポロ宇宙船クルーが見た月の空

　これで、光の基本的な性質は学び終わりました。さっそく「なぜ、空は青く、夕焼けは赤く、雲は白いのか」を調べてもいいのですが、本書は物理の本であると同時に宇宙の本でもあります。そこで、宇宙の景色のことも調べてみましょう。宇宙の景色といえば、アポロ計画の写真が有名です。ここでは、そのアポロ計画と、アポロ計画の写真を中心に宇宙の景色を紹介します。

アポロ計画

　時はまだ私たちの身近な生活にパソコンも携帯電話もなかった1961年。そのような時代にアメリカの当時の大統領ケネディは歴史的な演説をします。

[*1] X線とγ線の違いは波長ではなく、どのように発生するかによる。詳しく知りたい人は『理科年表』丸善株式会社などを参照してほしい。

Lesson 3 ★ 月の空は何色か？

> I believe that this nation should commit itself to achieving the goal, before this decade is out, of landing a man on the Moon and returning him safely to the Earth.

これは簡単にいえば、

「60年代の終わりまでに人類を月に送り、そして地球に無事生還させる」

という演説です。この演説が行われた1961年は、当時のソビエト連邦が世界初の人工衛星スプートニク1号を打ち上げた1957年からわずか4年後です。そして、この一見すると荒唐無稽とも思われる壮大な計画がNASAによるアポロ計画です。そして、アメリカは訓練中の火災事故でパイロットを失うなどの痛ましい事件やさまざまな困難を乗り越え、見事にこのアポロ計画を成功させます。

(©NASA)

図 3.6　人類が月に残した足跡とアポロ 11 号

1969年、アームストロング船長、オルドリンとコリンズを乗せたアポロ11号は人類初の月着陸旅行にチャレンジします。着陸直前での予定着陸位置を間違える絶体絶命のアクシデントに直面しながらも冷静になんとか困難を切り抜け、無事月面に着陸を果たします[*2]。そして、月面に人類歴史上はじめて降り立ったアームス

---

*2　コリンズは司令船に乗っていたため月面には降り立っていない。

トロング船長は有名な言葉を残します。

「これは1人の人間にとっては小さな1歩だが、人類にとっては偉大な躍進だ」

アポロ計画のあともアメリカはスペースシャトルなどを打ち上げ、さまざまな宇宙活動を行っています。

地球を回る宇宙船から見える風景

さて、それでは宇宙のさまざまな写真を見ていきましょう。図3.7の写真は地球を回る宇宙船から撮影した写真です。

(©NASA)

図3.7　宇宙は昼でも真っ暗？（左はアポロ9号、右はスペースシャトルより）

図3.7の左の写真は、いかにも1960年代のアポロ計画時代のものらしく、古そうな宇宙船ですね。右の写真は、1980年代のスペースシャトルから撮影されたものです。まんなかの上のほうに白いものが見えますね。なんとこれは宇宙飛行士です。宇宙空間でたった1人。すごく勇気のいる仕事です。

これらの写真は、ある興味深いことを教えてくれます。空の色をよーく見てください。地球や宇宙船や宇宙飛行士も太陽に照らされているので、昼であることがわかります。ところが、空の色を見ると真っ黒になっていることがわかります。地球を回る宇宙船からは

昼間なのに夜空

という風景が広がっているのです。

月から見た風景

お地球見

今度は月の上空からの風景です。月の上空から見た写真で有名な写真が「地球の出」の写真です[*3]。

図3.8 アポロ11号から見た地球の出（お地球見）

地球から月が見えるように、月からは青い地球が見えます。「日の出」「月の出」に対して「地球の出」というわけですが、日本人にとっては「お月見」ならぬ「お地球見」といったほうが風情があるかもしれません。

さて、この写真は月の表面が照らされているので、月は夜ではなく、昼です。しかしながら、空を見ると暗黒の世界が広がっています。やはり、「昼間なのに夜空」という風景が広がっています。

月の空

とうとう月面までやってきました。図3.9は、アポロ宇宙船の宇宙飛行士が昼間

[*3] 「地球の出」の写真で最も有名な写真はおそらくアポロ8号のものだが、ここでは、よりきれいなアポロ11号からの写真を紹介する。

の月の上で撮影した写真です。なんとも殺伐とした風景に感じますね。

図 3.9　昼間の月の上での風景（左はアポロ 15 号、右はアポロ 11 号）

　これを見て不思議に思う人も多いのではないでしょうか？　月は太陽に照らされているので昼間です。しかし、昼間なのに、空は真っ暗です。昼と夜を同時に体験している感じです。以上から

月では昼間なのに夜空

ということがわかります。それではなぜ、月の空はいつも夜空なのでしょう？

地球の空が明るいわけ

　まず、地球の空が明るいわけを考えましょう。図 3.10 の左のように、暗闇のなかで懐中電灯をつけて遠くを照らした場合を考えてみましょう。すると、普通に遠くを照らすと、ごくわずかに懐中電灯の光の筋が見えますが、ほとんど何も見えません。

懐中電灯の光を横から見ると

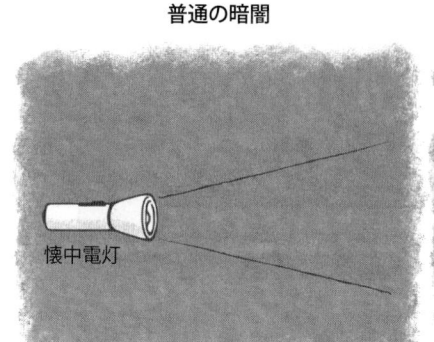

普通の暗闇　　　　　　　　霧の中の暗闇

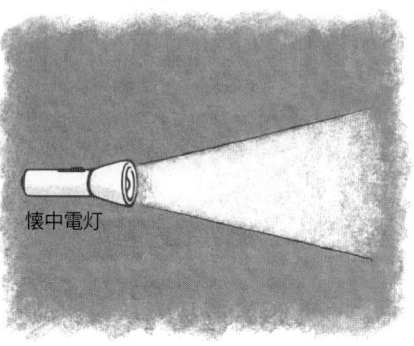

懐中電灯　　　　　　　　　懐中電灯

光はほとんど見えない　　　霧に散乱されて明るくなる

図 3.10　普通の光と霧のなかを進む光

　しかし、図 3.10 の右のように霧が出ている場合はどうでしょう？　暗闇の霧のなかを懐中電灯で照らすと、光が霧に当たってとても明るく見えるはずです。これは、光が霧とぶつかっていろいろな方向に飛んでいくので、明るく見えるのです。このように、光が霧などの粒とぶつかっていろいろな方向に飛んでいくことを「散乱」といいます。

　地球上の空気は霧と比べると、ほとんど光を散乱させないのですが、それでもごくわずかに光を散乱させます。

　その大気のおかげで、地球上の昼は空が明るくなります。星の明るさは空の明るさよりもずっと暗いので、空よりも暗い星は見えなくなっているというわけです[4]。

月ではいつも夜空なわけ

　しかしながら、月には大気がありません。月の上は「ほぼ真空」なのです。何もないのです。そのため、光は散乱されず、まっすぐ進んでいってしまいます。月の上では太陽、地球、星などの光を発する方向以外からは光が入ってこないので、真っ暗に見えるのです。

---

[4] 牟田淳著『アートのための数学』オーム社（2008）を参照。

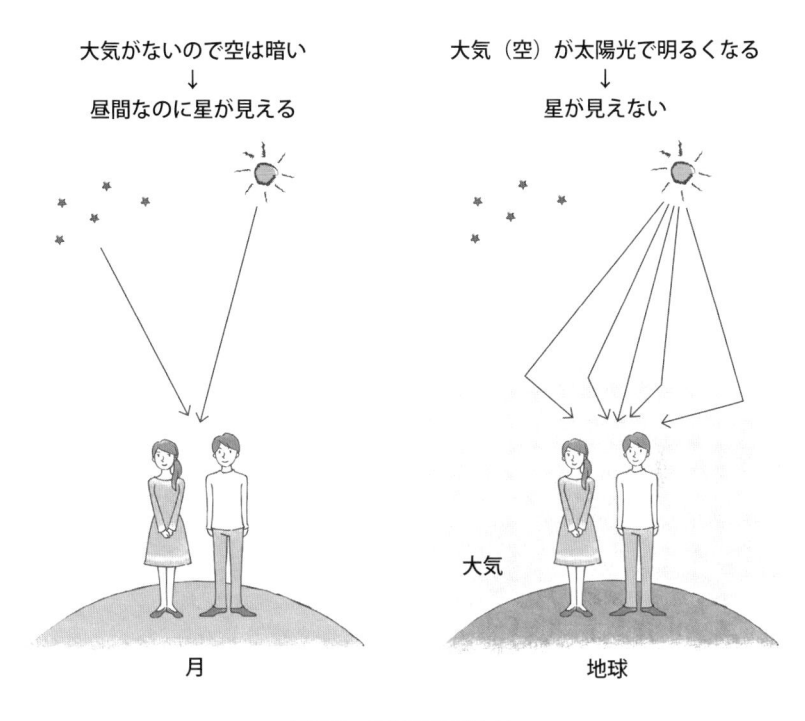

大気がないので空は暗い
↓
昼間なのに星が見える

大気（空）が太陽光で明るくなる
↓
星が見えない

大気

月　　　　　　　地球

図 3.11　月の昼が夜なわけ

　つまり、月の昼間とは、「太陽が見えるのに星が見える、昼と夜を同時に体験できる世界」なのです。
　これは月の上に限ったことではありません。宇宙空間は基本的に大気がありません。そのため、ロケットで宇宙に出ると、太陽や地球が見えるのに宇宙は夜なのです。

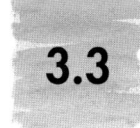

3.3 地球の空が青いわけ

月の空が夜なわけは、「空気がないので、光が散乱されないから」ということがわかりました。それでは、空気がある地球では、なぜ空は青く、雲は白いのでしょう?

雲が白いわけ

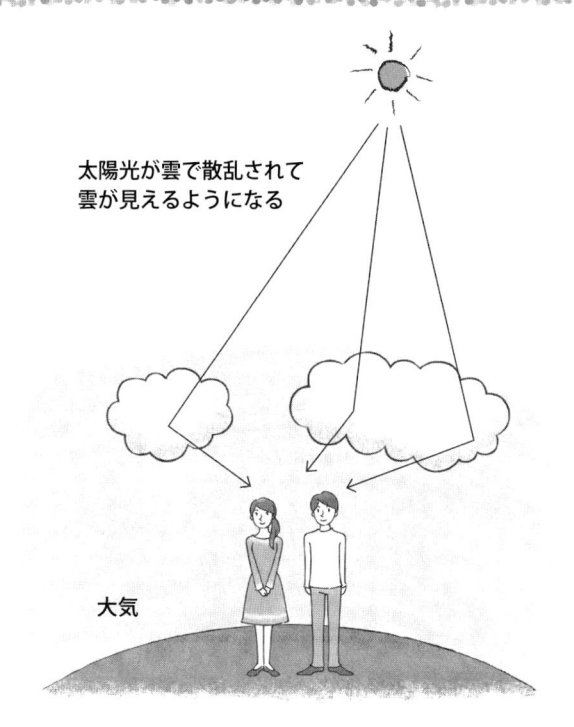

図3.12 雲が白いわけ

霧は白く見えます。それと同じように、雲も白くなります。霧や雲はなぜ白いのでしょうか? 実は散乱されるものの大きさが重要になるのです。

霧や雲では、雲や霧の雲粒など比較的大きな粒子（$10^{-6}\sim10^{-4}$m）に光がぶつかっ

て散乱します。この大きさは可視光（10^{-7}m）よりも大きくなっています。つまり、

$$雲や霧の雲粒（10^{-6}〜10^{-4}\text{m}）＞可視光の波長（10^{-7}\text{m}）$$

となっています。このように、光の波長よりも粒子の大きさが十分大きいときは、単純にもとの光と同じ色に見えます。太陽光は白いので、雲も白く見えます。

空が青いわけ

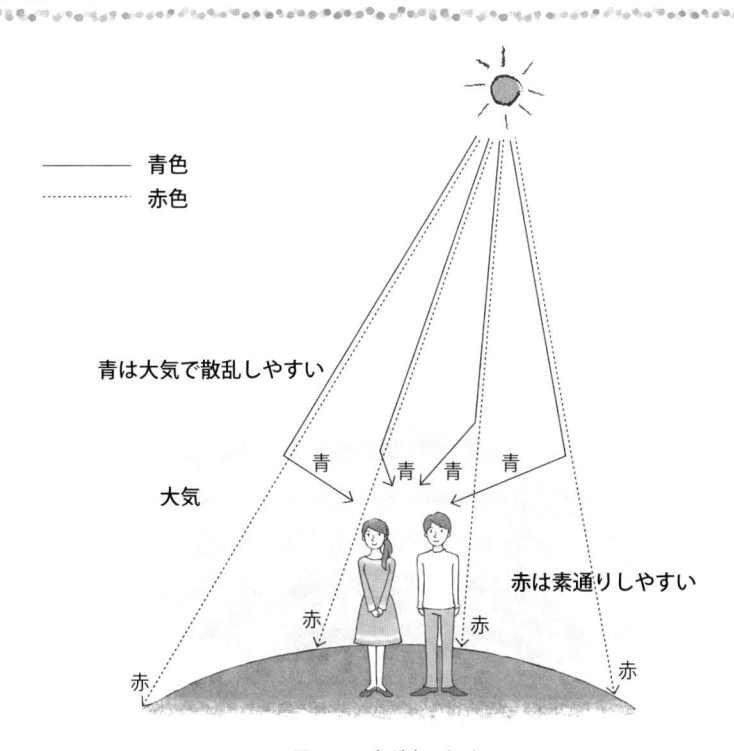

図3.13　空が青いわけ

それでは空が青いわけを説明しましょう。空には大気があります。大気は空気分子でできています。空気分子の大きさ（$10^{-10}〜10^{-9}$m）は非常に小さく、可視光の波長よりも小さいのです。つまり、

$$空気分子（10^{-10}〜10^{-9}\text{m}）＜可視光の波長（10^{-7}\text{m}）$$

となっています。このように散乱されるものが光の波長よりもずっと小さいとき[*5]は、「光の波長の違い」が重要になってきます。

具体的には、波長の短い光のほうが散乱されやすくなります。これを「レイリー散乱」といいます。青色は波長が短いため、散乱されやすいのです。一方、波長の長い赤っぽい光は散乱されにくく、まっすぐ進みやすいのです。

つまり図3.13のように、私たちが空を見上げたとき、散乱される光は主に青い短い波長の光なので、その散乱された青い光を見ることになり、空は青く見えるというわけなのです。

3.4 地球の夕焼けが赤いわけ

夕方になると、今度はきれいな夕焼けが見えます。この夕焼けはどうして見えるのでしょう？ これは、先ほどの空が青いわけと深く関係しています。

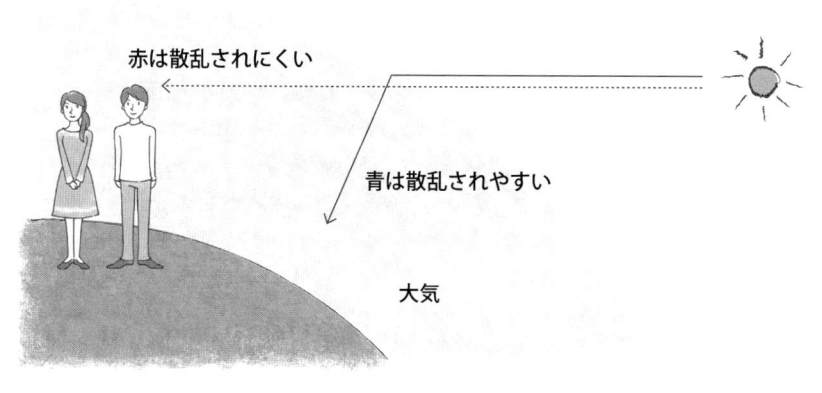

図 3.14　夕焼けが赤いわけ

[*5] 散乱されるものの大きさが波長のだいたい $\frac{1}{10}$ 以下のときとされている。

夕方、太陽は地平線近くに見えます。そのため、夕方の太陽の光は昼間よりも大気のなかをたくさん通っているのです。ところが、大気のなかでは青などの短波長の光は散乱されて、大気のなかを通るにつれて比較的少なくなってしまいます。すると、図3.14のように、長い波長（赤周辺）から短い波長（青周辺）までが混じった太陽の光から短い波長の光が減ってしまうので、長い波長の赤が目立つようになり、赤っぽく見えるわけです。

このように、夕焼けが見える理由は、青空が見える理由とセットで理解できるのです。

夕焼けを作ってみよう

皆さんも自宅の部屋のなかで、夕焼けを眺めてみませんか。実は夕焼けは簡単に作ることができます。

まず、水槽（小さめの水槽で大丈夫です）かペットボトル、懐中電灯、そして床用ワックスを用意します。次に、水槽もしくはペットボトルに水をたっぷり入れ、床用ワックスを少々入れます。

そして、懐中電灯で水槽（ペットボトル）の片側を照らしてみてください。するとどうでしょう。照らした側の反対側が赤く染まっています！

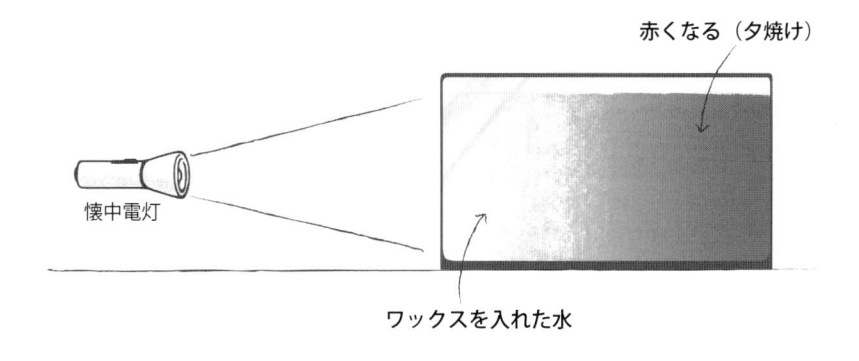

図 3.15　夕焼けを作ってみよう

このように、とても簡単にきれいな夕焼けを作ることができます。ぜひ試してみてくださいね（口絵「図5　夕焼けの作り方」を参照）。

3.5 海のなかが青いわけ

　読者の皆さんは、スキューバダイビングをしたことがあるでしょうか？　筆者はサイパン島のすぐそばのロタ島というダイビングで有名な場所の1つで、はじめて体験ダイビングを経験しました。はじめてロタの海を潜って思ったのは、「海のなかは青かった」ということです。地上と異なり、海のなかは一面、青の世界でした。
　それではなぜ、太陽の光は白色なのに、海のなかは一面青い照明で照らされたように青の世界なのでしょうか？

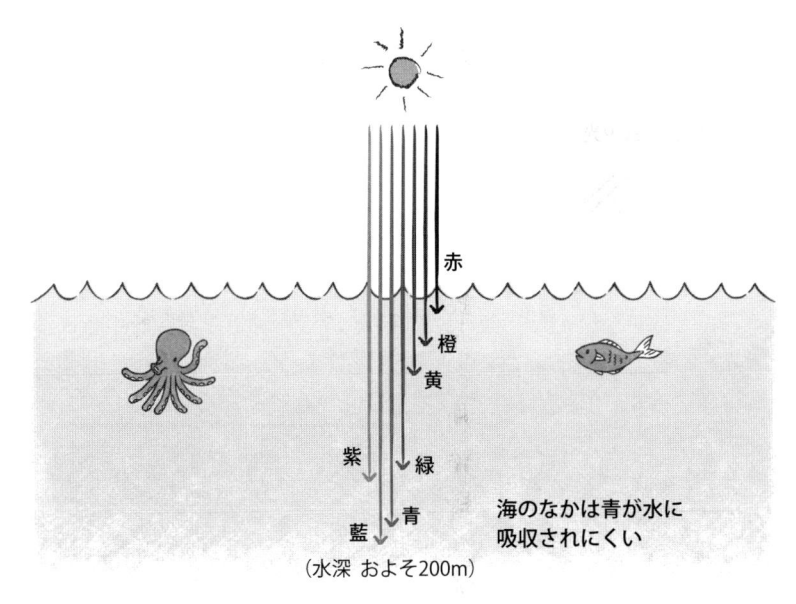

波長によって光の強度が減少する度合いが変わる。赤は吸収されやすいが、青はなかなか吸収されないので、海のなかはどんどん青の世界となる。

図 3.16　海のなかが青いわけ

　図3.16のように、実は、水はごくわずかですが、赤っぽい光を吸収する性質があります。ごくわずかなので、浅い海辺や水槽の水は透明に見えます。実際、海に潜って海辺のほうを見ると、海辺まで数メートルであれば海は透明です。

しかしながら、少しだけ赤っぽい光を吸収する性質があるので、海に潜って沖合のほうを見ると、赤い光が十分に吸収されて青っぽい光が残り、海はきれいな青色に見えるのです。

column 色の三原色

⊙ リンゴが赤く見えるわけ

「夕焼けが赤い」のは、「虹の7色」から短波長の青色光が散乱されて長波長の赤っぽい光が残るからでした。このしくみ、実は「色」が見えるしくみと非常によく似ています。

リンゴが赤く見えるわけ

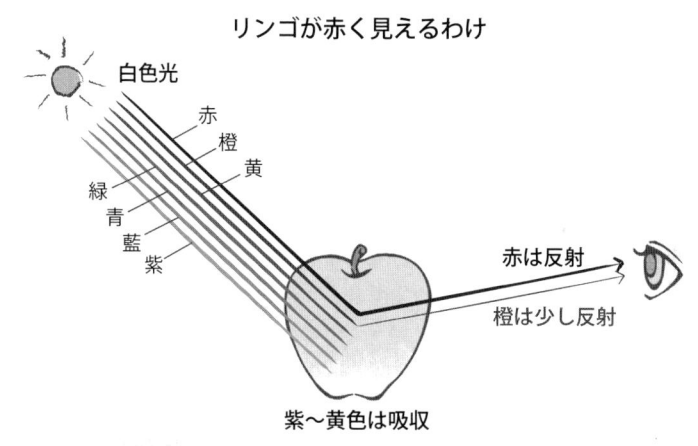

白色光／赤／橙／黄／緑／青／藍／紫
赤は反射
橙は少し反射
紫〜黄色は吸収

図 3.17 リンゴはなぜ赤い？

たとえば赤いリンゴ。リンゴはなぜ赤く見えるのでしょう？

それは、白い光がリンゴに当たったとき、短い波長の青っぽい光や緑っぽい光は吸収されて消えて、主に赤色を反射するのです。それで赤く見えるわけです。

しかしながら、このとき図3.17のように虹の赤のとなりの橙も少しは反射します。このように、色はある程度いろいろな波長の光を反射します。赤といっても純粋な赤はあまりなく、たいていは虹のとなりの色も少しは反射するのです。

Lesson 3 ★ 月の空は何色か？

⊙ 色の混色

さて、それでは問題です。青色絵の具と黄色絵の具を混ぜると何色になるでしょうか？

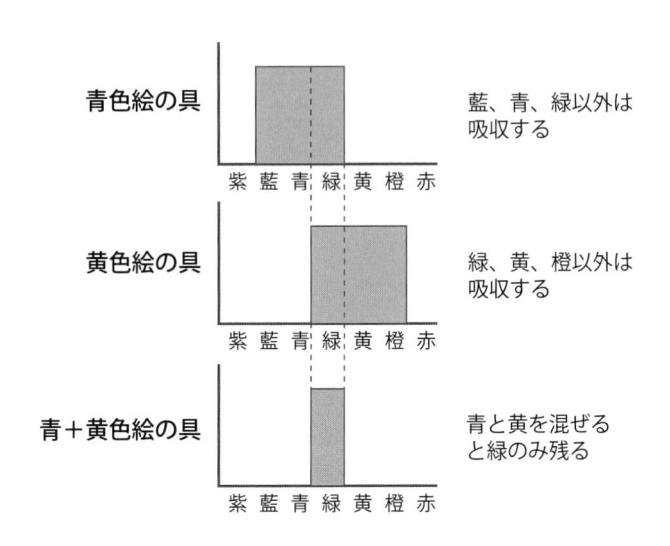

青色絵の具　　　藍、青、緑以外は吸収する
紫 藍 青 緑 黄 橙 赤

黄色絵の具　　　緑、黄、橙以外は吸収する
紫 藍 青 緑 黄 橙 赤

青＋黄色絵の具　　青と黄を混ぜると緑のみ残る
紫 藍 青 緑 黄 橙 赤

図 3.18　青色と黄色を混ぜると緑色になる理由

　図3.18のように、青色絵の具は虹のとなりの色の藍と緑も反射しますが、残りの光は吸収します。黄色絵の具もまた、となりの緑と橙も反射しますが、残りの光は吸収します。そのため、青色絵の具と黄色絵の具を混ぜたとき、図3.18のように吸収されずに残った反射光は緑だけとなります。つまり、青＋黄→緑となるわけです。このように、色の混ぜ合わせは「生き残った色」を見つければいいわけです。

　それでは、この緑に赤を混ぜたら何色になるでしょう？　赤は図3.17からわかるように、緑を吸収します。すると、すべての色が吸収されてしまうことになります。それで結局「黒」になるのです。この赤、青、黄（正確にはシアン、マゼンダ、イエロー）を色の三原色といいます。

　私たちが家庭で使うカラープリンターも、この原理を使っています[6]。

---

[6]　ただし、シアン（C）、マゼンタ（M）、イエロー（Y）に加え、ブラック（K）も使っている。これをCMYKという。

Lesson 4

アインシュタイン「生涯最大の過ち」
―科学の世界の宇宙創世記―

フシギ度　　　ロマンチック度
★★★★★　　★★★★★

この世界はいったい、どのようにつくられたのでしょう？
私たちの宇宙は永遠不変なのでしょうか？

今回は、私たちの宇宙がどのようにつくられたのか、
「科学の世界の宇宙創世記」を学びましょう。

Lesson 4 ★ アインシュタイン「生涯最大の過ち」

4.1 宇宙に永遠不変を探し求めた人間、アインシュタイン

人はなぜ、「永遠」にあこがれを抱くのでしょう？

　それは、私たち人間の世界は絶えず変化し、変わらないものがないように思えるからかもしれません。その一方で、夜空を見上げると、いつも同じように美しい星空が見えます。あたかも宇宙は永遠に変わらない存在であるかのようです。
　それでは、この大宇宙は本当に永遠に変わらないものなのでしょうか？　それとも人間社会のように、絶えず変わってしまうものなのでしょうか？
　アルバート・アインシュタインは「宇宙は永遠に変わらない」と考えていました。

> 私たちの宇宙は
> 永遠に変わらないはずだ！
> ——アルバート・アインシュタイン

図4.1　宇宙は永遠不変と考えていたアインシュタイン

　あのアインシュタインが「宇宙は永遠不変である」と考えていたのなら、宇宙は永遠不変なのでしょうか？　「変わらないものは宇宙にある」と考えてもいいのでしょうか？
　アインシュタインは相対性理論（相対論）を発表した人として有名です。実は、この相対論は宇宙の歴史、しくみを調べるうえで非常に重要な理論となっています。実際、相対論を契機に宇宙の歴史、しくみが詳しくわかるようになりました。宇宙が永遠に変わらないかどうかは、相対論にその答えが隠されていたのです。

宇宙は本当に永遠不変なのでしょうか？　それとも、宇宙ですら永遠ではないのでしょうか？　宇宙の秘密が隠された相対論を学んで、宇宙と永遠について調べてみましょう。

4.2 宇宙を支配する方程式 ―アインシュタイン方程式―

相対論からは「宇宙方程式」と呼ばれるすごい方程式が出てきます。その相対論は大きく2つに分けられます。1つは「特殊相対論」、もう1つは特殊相対論を発展させた「一般相対論」です。まずは特殊相対論を紹介しましょう。

特殊相対性理論

アインシュタインは26歳のときに特許局で働きながら、有名な「特殊相対論」を発表します。詳しくはLesson 9で見ていくので、ここでは結果だけ紹介しましょう。

$E=mc^2$　質量とエネルギーは同じ

アインシュタインの相対論で最も広く知られた式が$E=mc^2$でしょう。ここで、EはEnergy（エネルギー）のことで、mはmass（質量）、そしてcは速さを表すラテン語celeritasからきていて、光速を表します。$E=mc^2$は、日本語で書くと

$$エネルギー＝質量 \times 光速^2$$

となります。この式は非常に簡単な式ですが、ものすごく奥深い内容を含んでいます。まず、光速は一定（3.0×10^8m/秒）なので気にしなくていいのです。すると、式「エネルギー＝質量×光速^2」は結局、

エネルギーと質量は同じ[*1]

ということを表しているのです。

この式が応用された例は、核兵器である原子爆弾です。原子爆弾は、質量の一部が$E=mc^2$によってエネルギーに変わり、すさまじい大爆発を起こすのです。アインシュタインによって、質量とエネルギーというまったく関係ないと思われていたものが、簡単な式で結びつけられたのです。

時間が遅れ、空間（物の長さ）が縮む

さらにアインシュタインは、これもLesson 8とLesson 9で詳しく説明しますが、図4.2のように速い速度で動くと「時間が遅れたり」「縮んだり」することを見い出しました。

時間の進み方が人によって変わってくる？　　**空間（物の長さ）が縮む？**

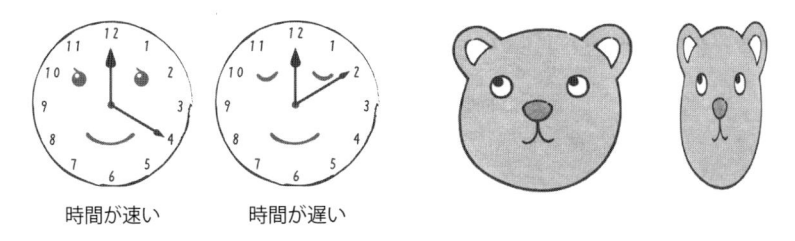

時間が速い　　時間が遅い

時間はゆっくり進み、空間（物の長さ）が縮む？

図 4.2　時間と空間

まるでSFのようですね。実際、これらはSFの原点の1つともいえるでしょう。これらの現象は、今度は「時間と空間」を簡単な式で結びつけることにより説明できます[*2]。ここでは、イラストを見て、そんなものかなと感じてもらえれば大丈夫です。アインシュタインによって時間と空間は式で結びつけられ、時間と空間を一緒にして「時空」などと呼ばれます。

[*1]　しばしば「エネルギーと質量は等価」と表現される。
[*2]　数学が得意な人向け：その簡単な式とは $t'=\gamma t-\gamma \dfrac{v}{c^2}x,\ x'=\gamma x-\gamma vt,\ \gamma=\dfrac{1}{\sqrt{1-\dfrac{v^2}{c^2}}}$ である。

このようにして、「エネルギーと質量は同じ」「時間と空間は『時空』」と考えられるようになったのです。

一般相対論

宇宙を支配する方程式

そんなものがあるのでしょうか？　宇宙を1つの方程式で表すなんて一見、荒唐無稽にも思えます。しかし、アインシュタインは本当に宇宙を1つの方程式で表してしまいました。

特殊相対論を発表後の1915〜1916年、アインシュタインは特殊相対論を発展させて一般相対論を作りました。一般相対論の重要な結論の1つが図4.3の「宇宙方程式」（アインシュタイン方程式）です。

宇宙を支配する方程式

$$\underbrace{R_{\mu\nu} - \frac{1}{2}R g_{\mu\nu}}_{\text{時空のしくみ}} = \underbrace{\frac{8\pi G}{c^4} T_{\mu\nu}}_{\text{物質}}$$

図4.3　アインシュタイン方程式

この方程式は一見難しく見えるので、ここでは、この方程式を眺める程度にとどめておいてください。左辺はいろいろと書いてありますが、時間と空間の様子、つまり時空の様子を表すと考えておきましょう。一方、右辺は質量やエネルギーなどの物質関係の様子を表すと理解しておけば、ここでは十分です。

さて、この方程式はすごい方程式です。これは、質量やエネルギーなどの物質関連の式と、時間と空間の様子を表す式を、たった1つの方程式で結びつけてしまったのです。つまり、このアインシュタイン方程式は

時空の様子 ＝ 物質の様子

のような方程式と思えばいいでしょう。物質が時空の様子と関係して影響を与えるのです。

　さて、私たちの宇宙は時間、空間、物質などでできています。ということは、この方程式は

宇宙を支配する方程式

と見ることもできるのです。ある意味、宇宙を数式で表したともいえるわけです。宇宙を数式で表すことに成功したアインシュタインってすごいですね。

4.3 「アインシュタイン人生最大の過ち」とは？

宇宙はつぶれてしまう？

　さて、この自らが生み出したアインシュタイン方程式を見て、アインシュタインはあることに気がつきます。地球の重力のように、一般に重力があると、そちらのほうに引っ張られます。手を離すとリンゴが地面に落ちるのは、地球の重力のためです。

　これとある意味似ていますが、アインシュタインはいくつかの条件を加えてアインシュタイン方程式を解いてみると、物質の重力によって宇宙が縮んでしまう可能性があることに気がついたのです。悲しいことに、自らが作ったアインシュタイン方程式によって、宇宙が永遠不変でなくなり、縮む可能性があることが示されてしまったのです。

　さて、これは困りました。アインシュタインは、宇宙は永遠に変わるはずがないと信じていたからです。

4.3 「アインシュタイン人生最大の過ち」とは？

宇宙の重力で縮んでしまう！

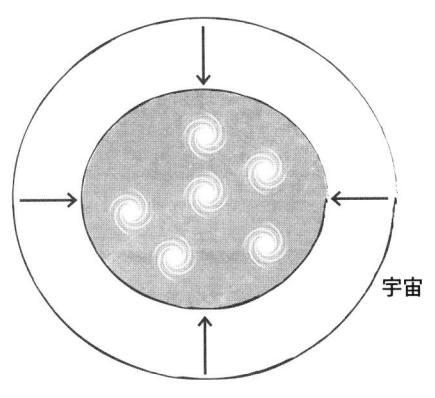

宇宙

宇宙は永遠不変でない？

図4.4 宇宙がつぶれてしまう？

宇宙項で宇宙を永遠不変に！

物質（$T_{\mu v}$）によって宇宙が縮んでしまうのであれば、これを打ち消す式があれば何とかなりそうです。

アインシュタインは宇宙を永遠不変にするために、自らが作ったアインシュタイン方程式に図4.5のように宇宙項と呼ばれる項をつけ加えてしまいます。宇宙項にあるΛ（ラムダと読む）は宇宙定数と呼ばれ、この宇宙定数Λをうまく調整してやれば、宇宙を永遠に変わらなくすることができるだろうと考えたわけです。そして実際に詳しく計算すると、Λを調整することにより宇宙を永遠不変にすることができたのです。

宇宙を永遠不変にする方程式

$$R_{\mu v} - \frac{1}{2} R g_{\mu v} + \underbrace{\Lambda g_{\mu v}}_{\text{宇宙項}} = \frac{8\pi G}{c^4} T_{\mu v}$$

図4.5 宇宙項を入れて宇宙を永遠不変に

これで「宇宙は永遠に変わらない」ということになり、めでたしめでたしとなりました。アインシュタインは自らの方程式に宇宙項を入れることにより、無事、宇宙に永遠を見い出すことができたのです。

しかし、宇宙を永遠にしたいがために後から式を加えるのは、本当は好ましくありません[*3]。宇宙は本当に永遠不変なのでしょうか？

宇宙が膨張している証拠が見つかった

その後、アメリカの天文学者ハッブルがこんな観測をしました。宇宙には「銀河」がたくさんあり、それら銀河は、不思議なことに地球からの距離が遠い銀河ほど、地球から速い速度で遠ざかっていることがわかったのです[*4]。

地球から銀河が遠ざかる

遠くの銀河は地球から
猛スピードで遠ざかっている

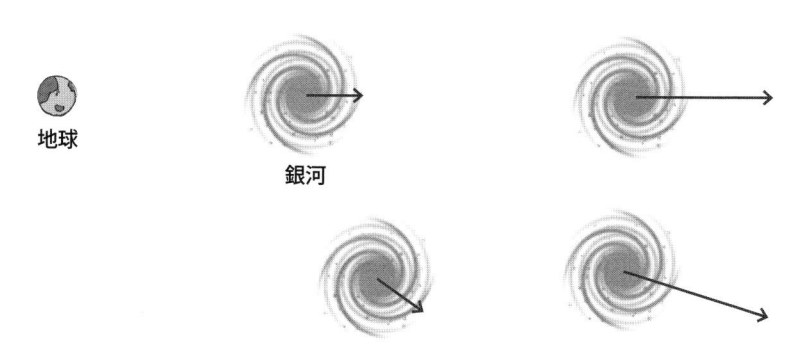

地球

銀河

図 4.6 地球から銀河が離れていく

これはいったい何を意味するのでしょうか？

ここでは、図4.7のように、宇宙を風船のようなものとしましょう。そして、風船の表面には銀河のシールが張りつけられているとします。すると、風船を膨らまし

[*3] アインシュタインは宇宙を永遠不変にするために宇宙項を加えたが、実は「変分原理」と呼ばれるエレガントな方法を使うと宇宙項が簡単に出てくる。数学が得意な人は須藤靖著『一般相対論入門』日本評論社（2005）などを参照。

[*4] ただし、銀河系のとなりのアンドロメダ銀河は逆に近づいている。

て宇宙風船を膨張させていくと、銀河のシールは互いに遠ざかることがわかります。

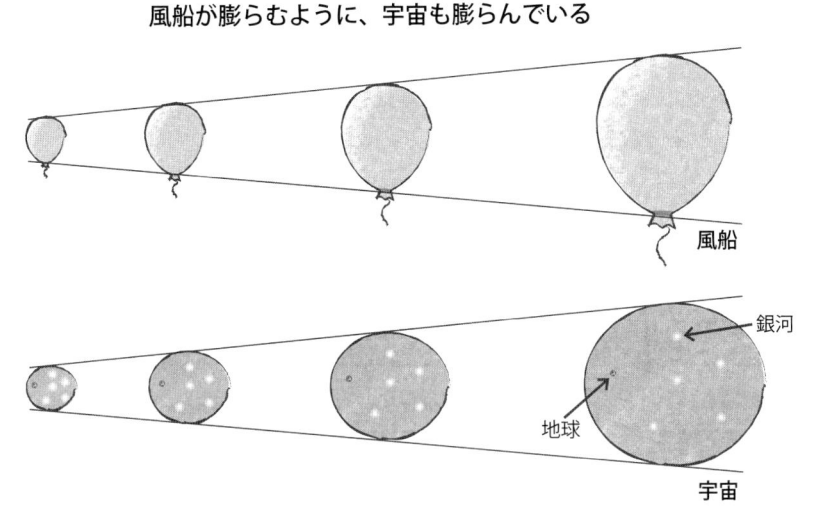

風船が膨らむように、宇宙も膨らんでいる

図 4.7　風船のように宇宙が膨張する

　もちろん宇宙は風船ではありませんが、遠くの銀河が遠ざかっているということは、同じように宇宙が膨張しているということを示しているのです。このようにしてハッブルの観測から

宇宙は膨張している

ということがわかったのです。「銀河が遠ざかるから宇宙が膨張している」という解釈は、非常に明らかでわかりやすい解釈であり、これを否定することは難しそうです。

　しかも、アインシュタイン方程式は一般相対論発表後、フリードマン、ルメートル、ドジッターらによりいろいろな宇宙方程式の解が調べられ、実は「宇宙項」がなくても宇宙が膨張することがわかっていたのです。

アインシュタイン生涯最大の過ち

宇宙を永遠不変にするための宇宙項を作ったことは生涯最大の過ちだった……。
——アルバート・アインシュタイン

図4.8　アインシュタイン生涯最大の過ち

　ハッブルの宇宙膨張の観測結果を受けて、アインシュタインはその後、この宇宙項を撤回してしまいます。そして、宇宙を永遠不変にするために宇宙項をつけ加えたことを「生涯最大の過ち」といったとされています。

　アインシュタインほどの大天才が、宇宙を永遠にするために手で書き加えてしまった宇宙項。私たちは「永遠」という限りなきものに強いあこがれを抱く存在なのかもしれません。

4.4 ビッグバンではじまる宇宙創世記

　さて、これで宇宙は永遠不変でなくなりました。それでは、宇宙はどのような歴史を歩んできたのでしょう？　「宇宙が膨張している」ということは、私たちの宇宙のはじまりのヒントを与えてくれます。

　つまり、宇宙が膨張しているということは、昔の宇宙は今よりも小さかったということです。そしてどんどん時間をさかのぼると、宇宙はものすごく小さくなってしまいます。

4.4　ビッグバンではじまる宇宙創世記

　ロシア生まれのジョージ・ガモフは、

「宇宙では昔、火の玉宇宙の大爆発があり、その後、宇宙は膨張を続けている」

というビッグバン理論を提唱しました。

> 私たちの宇宙は
> 「ビッグバン」という
> 火の玉宇宙の大爆発で始まった。
> ——ジョージ・ガモフ

図4.9　ビッグバン理論を提唱したガモフ

　ここでは、宇宙膨張に加えて、重要な言葉が語られています。「火の玉宇宙」です。宇宙ははじめ、高温高密度の火の玉の世界だったのです。そのビッグバンからあとは、宇宙は膨張しながら冷えていきます。

　それでは、ビッグバン直後は何度くらいだったのでしょう？　ビッグバンから1秒ほどたった頃、宇宙はなんと100億度程度だったとされています。想像を絶するほどの暑さですね。その後、宇宙は膨張し、冷え続け、現在は－270度くらいになっています[*5]。これもまた、想像を絶する寒さですね。

　このビッグバン理論は詳細に調べられ、現在（2016年）ではビッグバンは約138億年前に起こったとされています。

---

*5　Lesson 7で紹介するが、ビッグバン直後の光が今現在－270度くらいの色温度（正式には黒体放射）に相当するという意味である。

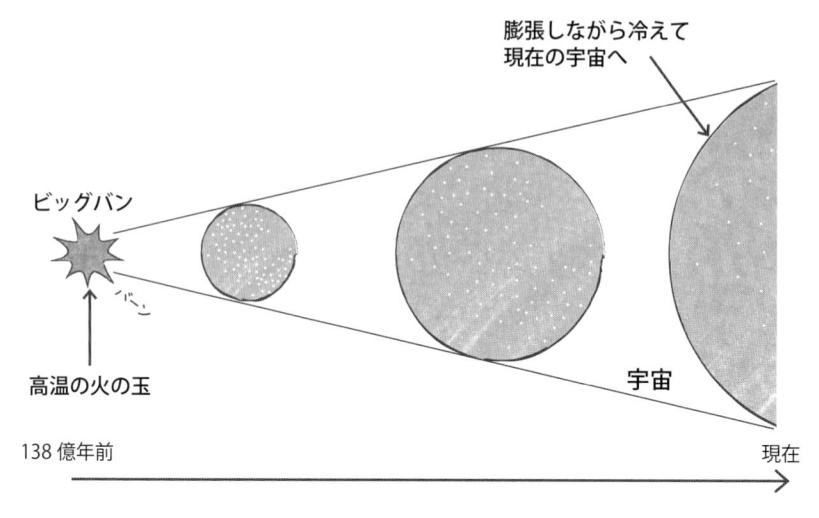

図 4.10　火の玉宇宙の大爆発と宇宙膨張

4.5 ビッグバンの前には何があったのか？

ビッグバンの前の宇宙―インフレーション宇宙―

　「ビッグバン」という火の玉宇宙の爆発で宇宙がはじまったのであれば、「ビッグバンの前には何があったの」と思うでしょう。ビッグバンの前の宇宙については、日本人の佐藤勝彦が最初に提唱した「インフレーション理論」という理論があります。

　これは、宇宙がある時間ごとに2倍大きくなっていく時期があったというものです。つまり、図4.11のように、宇宙が2、4、8倍と「倍々ゲーム」で大きくなった時期があったというのです。

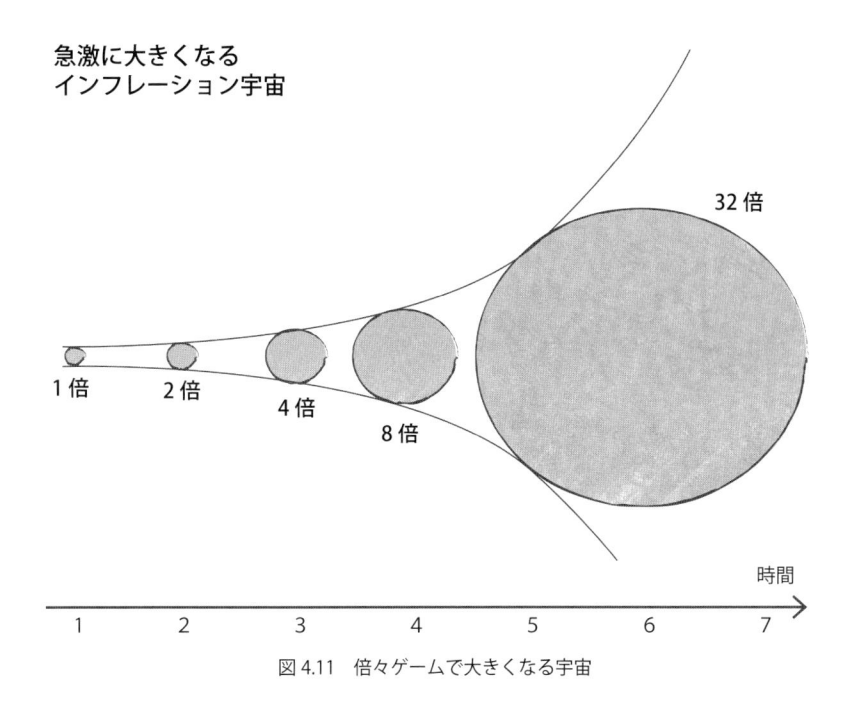

4.5 ビッグバンの前には何があったのか？

急激に大きくなる　インフレーション宇宙

1倍　2倍　4倍　8倍　32倍

時間

図4.11　倍々ゲームで大きくなる宇宙

倍々ゲームといってもピンとこないかもしれません。しかしたとえば、宇宙は2、4、8、16、32、64、128、256、512、1024と10回倍々ゲームを繰り返すだけで、約1000（1024）倍大きくなります。20回倍々ゲームをすると、1000の1000倍で100万倍、30回倍々ゲームを繰り返すと100万の1000倍で10億倍の大きさになります。

このように、すさまじく宇宙が膨張していくので、「インフレーション」という言葉が使われています。インフレーション宇宙では、宇宙がわずか10の数十乗分の1秒の間に数十桁も大きくなったと考えられています。想像を絶する話ですね。

そして急激に宇宙が大きくなる時期が終わると、今度はビッグバンという火の玉宇宙がはじまるわけです。ビッグバン以降も宇宙は大きくなりますが、インフレーション期と比べると、ゆっくりと大きくなるのです。

さて「インフレーション理論」では、ほかにもおもしろい予言をしています。「宇宙はただ1つではなく、子宇宙、孫宇宙といろいろな宇宙がある」というものです。なんだかどんどん壮大な話になっていきますね。

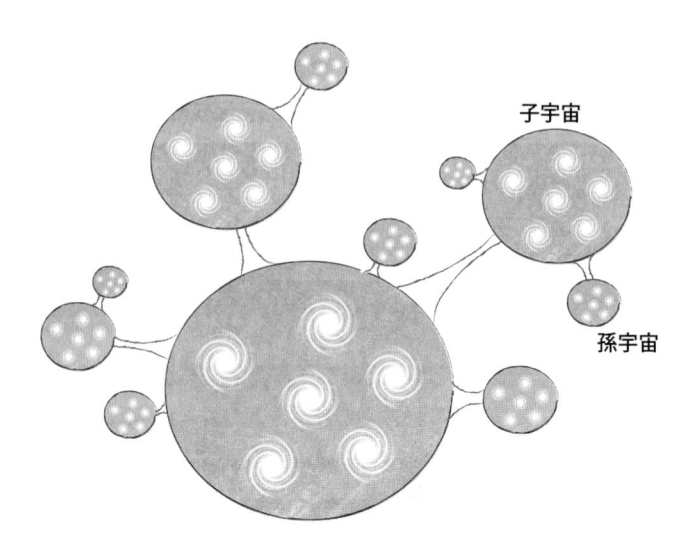

図 4.12　子宇宙や孫宇宙

インフレーション宇宙の前の宇宙―ビレンケンの量子宇宙―

　ビッグバンより前にインフレーション宇宙があったのであれば、「インフレーション宇宙の前には何があったの」とこれまた思うことでしょう。この種の問いかけには実はきりがありません。その前のことがわかったら、またその前はどうなっていたのかという疑問が起こるからです。
　このきりのない宇宙のはじまりの疑問を解消するおもしろい仮説をビレンケンが提唱しました。それは、

　　　　　　　　宇宙は物質も時間も空間もない「無」から生まれた

というものです。これを量子宇宙といいます。？？？と思うかもしれません。しかし、ある程度は自然科学者を納得させる根拠があるのです。

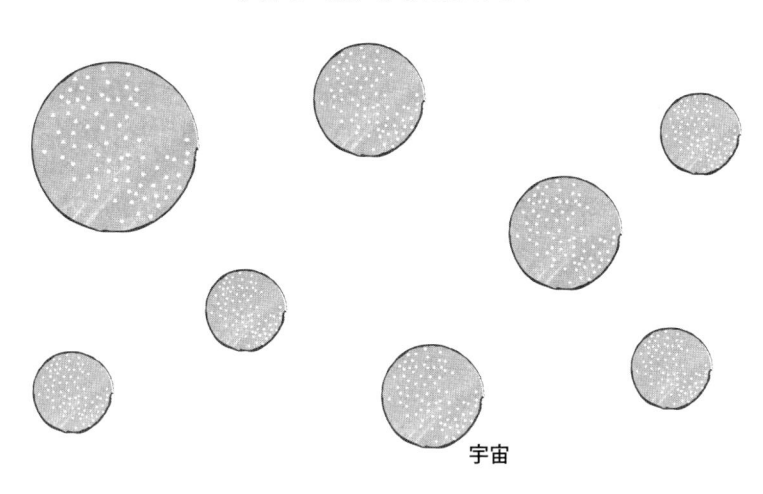

4.5 ビッグバンの前には何があったのか？

宇宙も「無」から生まれる？

図 4.13 「無」から生まれる宇宙

　たとえば電子。この電子を「何もない真空」から作ることが実はできるのです。Lesson 11 と Lesson 12 で詳しく説明しますが、非常に大きなエネルギーを与えてやると、本当に何もない真空から「電子」（と陽電子）が生まれてくるのです。さらに、「ミクロな世界では電子（と陽電子）が生まれたり消えたりしている」ということがわかっています。このように、真空では何もないのに粒子が生まれることができるのです。

　この電子の話は何も最先端の話ではなく、広く知られていることです。つまり、「無」から物質が生まれるというのは、自然科学者にとっては「当たり前」の話なのです。それなら「宇宙も『無』から生まれるのでは？」と考えたところがビレンケンのすごいところです。こちらでは、電子のような物質がない真空を考えるのではなく、物質も時間も空間もない「無」の状態から宇宙が生まれたと考えるのです[*6]。

　ただし、この理論は「量子重力理論」という、未完成の理論に基づいています。今後、この方面の理論が発展すれば、より詳しい宇宙のはじまりの様子が明らかになるでしょう。

[*6] これには、Lesson 11 で紹介するトンネル効果が関連してくる。詳しく知りたい人は佐藤勝彦、二間瀬敏史編『シリーズ現代の天文学　宇宙論I』日本評論社（2008）を参照。また、紙面の関係上省略するが、ホーキング（S. Hawking）とハートル（J. Hartle）は「無境界仮説」というはじまりのない理論を発表している。

宇宙の歴史

さて、これまで説明してきた科学の世界の宇宙創世記のまとめをしましょう。

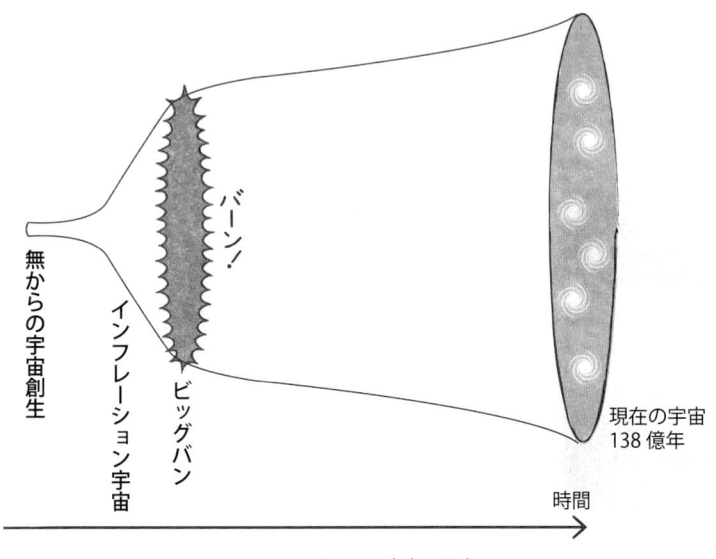

図4.14　宇宙の歴史

> 物質も時間も空間もない無から量子宇宙が創生した
> 次にインフレーション宇宙で宇宙が急激に膨らみ
> その後ビッグバンと呼ばれる火の玉宇宙の大爆発があった
> その後約138億年間、宇宙は膨張を続け現在に至る
> 　　　　　　　　　　　　　　科学の世界の宇宙創世記

となるのです。このあとの宇宙創世記の続きはLesson 5で紹介します。

4.5 ビッグバンの前には何があったのか？

column ゴーギャンの名作が語る宇宙

　これまで、宇宙創世の物語を見てきました。このような物語は、旧約聖書や北欧神話『新エッダ』などのなかにも創世記の物語や宇宙の起源として説明されています。このように、宇宙創世の物語は世界中の神話のなかにも見ることができます。それは、「私たちのこの世界がどのようにできたか」という問いかけが、昔からの人類共通の想いであるからかもしれません。

Tompkins Collection - Arthur Gordon Tompkins Fund 36.270 Photograph ©2010
Museum of Fine Arts, Boston. All Rights Reserved. c/o DNPartcom

図 4.15　ポール・ゴーギャン作「われわれはどこから来たのか
　　　　　われわれは何者か われわれはどこへ行くのか」(1897)

　さて、図4.15の絵はゴーギャンの大作

　　「われわれはどこから来たのか　われわれは何者か　われわれはどこへ行くのか」

です。私たちはこの作品に接したとき、先ほどの「私たちのこの世界がどのようにできたか」という想いに通じるものを見ることができます。
　作品のタイトルに注目してみましょう。「われわれはどこから来たのか」というゴーギャンの問いかけは、私たちが生まれる前の歴史への問いかけ、つまり「私たちのこの世界がどのようにできたのか」という想いにもある意味つながるのです。この想いは、自然科学者の宇宙や地球、星の歴史を知りたいという想いととてもよく似ています。
　それだけではありません。「われわれは何者か」という問いかけは、「私たちの世界とはいったい何なのか」という想いにもある意味つながります。これも、自然科学者の宇

宙や地球、星のしくみを知りたいという想いに通じるものがあります。

　そして、「われわれはどこへ行くのか」という問いかけは、「この世界の未来はどうなるのか」という問いかけにつながります。これも自然科学者の宇宙や地球、星が将来どうなるのだろうかという想いに通じるものがあります。この本でもLesson 12で詳しく、未来の世界について紹介します。

　ゴーギャンは脱文明社会で直接人間の原点を求めたといわれていますが、彼のこの作品の問いかけ自身は、自然科学の問いかけと非常に似ているのです。芸術と自然科学は深いところでつながっているのかもしれません。

Lesson 5

私たちは
星屑の子供たち

―私たちの元素は地球ではなく、星屑で作られた？―

フシギ度
★★★

ロマンチック度
★★★★★

金、銀、そしてプラチナは、どこで作られたのでしょう？
私たちの体や美しい自然の姿をかたち作る元素は、
どこで作られたのでしょう？

これらの元素は地球上で大量に作ることはできません。
これらの元素が作られたわけには、
大宇宙と星、そして星の死が深くかかわってきます。
私たちは「星屑の子供たち」なのです。

Lesson 5 ★ 私たちは星屑の子供たち

5.1 「黄金を作り億万長者になろうとした」錬金術師たち

賢者の石と錬金術師

「賢者の石」という言葉を聞いたことはあるでしょうか？

かつて中世の時代、「錬金術師」と呼ばれた人たちがいました。彼らは、金などの高価な貴金属を人工的に作り出そうとしました。これらを人工的に作ることができれば、大金持ちになれるからです。

錬金術師は「賢者の石」で黄金を作る？

賢者の石　　　　　黄金

図 5.1　あらゆるものが金になると信じられた中世の賢者の石

錬金術師のなかには、あらゆるものを金に化すことができ、あらゆる病気を治すチカラを持つと信じられていた「賢者の石」[1]を探し求めた人々もいました。しかし結局、誰一人として金を作り出すことはできませんでした。黄金を作り出す「賢者の石」のようなものは結局、どこにも見つからなかったのです。ではなぜ、錬金術師たちは全員、金を作り出すことに失敗したのでしょうか？

錬金術師と化学反応

そこで、中学生の頃の記憶を思い出してみましょう。皆さんは、

---

[1] 「賢者の石」は「ハリー・ポッターと賢者の石」（クリス・コロンバス監督、J. K. ローリング原作、ワーナー・ホームビデオ、2002）など、ファンタジー作品にしばしば出てくる。

$$C + O_2 \rightarrow CO_2$$
炭素　　酸素　二酸化炭素

のような化学反応を見たことがあるでしょう。この反応は一見すると、炭素と酸素から二酸化炭素というまったく別の物質を作っているように見えます。

しかし、二酸化炭素CO_2は炭素Cと酸素Oでできているので、この化学反応は単に炭素Cと酸素Oの組み合わせを変えているだけなのです。このように、化学反応では基本的に新しい元素を作ることはできません。たとえば、炭素Cから酸素Oを作ることはできないのです。

「薬品を調合する」「化学実験をする」ことなどでできる新しい物質も同様で、実は元素の組み合わせを変えているだけで、元素そのものは何も変わっていないのです。

ところが、金や銀を作るためには、金Au、銀Agという元素そのものを新たに作らなければならないのです。しかし、私たちは化学実験で炭素Cから酸素Oを作ったり、逆に酸素Oから炭素Cを作り出すことはできません。それと同じように、化学実験では金Auという元素を作り出すことはできないのです。

それでは、私たちの身の回りにある金、銀、酸素、炭素などのいろいろな元素は、いったいどのようにして作られたのでしょう？

元素の由来を知るために、まず元素のしくみを学びましょう。

5.2 私たちは元素からできている

元素のしくみ

元素のしくみを知るために、「ヘリウム」という元素を取り上げます。ヘリウムは大気よりも軽いので、気球、風船などに使われます。また、ヘリウムと酸素を混ぜた気体を吸って声を出すと声が高くなることが知られていて[*2]、パーティグッ

[*2] ドナルドダック効果などともいう。酸素が混ぜられているのは酸欠事故防止のため。

ズなどにも使われています。さて、元素は具体的にはLesson 2で紹介した「原子」でできています*3。ヘリウムもヘリウム原子でできています。そのヘリウム原子の図が図5.2です。

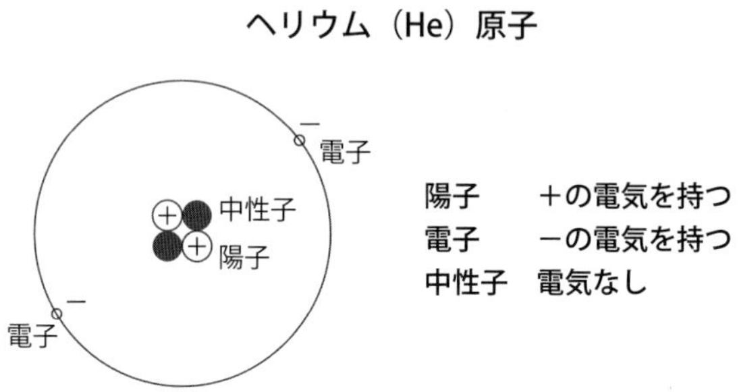

ヘリウム（He）原子

電子
⊕ 中性子
⊕ 陽子
電子

陽子　　＋の電気を持つ
電子　　−の電気を持つ
中性子　電気なし

図5.2　ヘリウム原子のしくみ

　図5.2を見るとわかるように、原子の中心に陽子と中性子があります。Lesson 2で説明したように、これらをまとめて「原子核」といいます。その周りをくるくると電子が回っています。ここで、陽子はプラス（＋）の電気、電子はマイナス（−）の電気を持っています。中性子は電気を持っていません。
　原子では「電気」が重要になります。たとえば、陽子と電子の電気の大きさはちょうど同じで、陽子（＋）と電子（−）の電気を合わせると、プラスとマイナスが打ち消しあって合計の電気はゼロになります。
　たとえばヘリウム原子では、陽子が2個、電子が2個で、全体でプラスとマイナスが打ち消しあって合計の電気がゼロになっています。図5.2を見て、陽子のプラス（＋）と電子のマイナス（−）が同じ数でちょうど打ち消しあうことを確認しておきましょう。

陽子の数で決まる元素

　原子核のなかで陽子は電気を持っているので、元素を考えるとき、陽子は中性子よりも重要な役割を果たします。そして、

---

*3　元素と原子の違い：元素は抽象的な概念で、原子は具体的なものを指す。たとえば「ヘリウム」は元素であり、「ヘリウム原子」はヘリウムという元素をかたち作る原子を指す。

元素は原子核のなかの陽子の数で決まる

のです。たとえば、先ほどのヘリウム元素ですが、これは「陽子が2個ある原子」が「ヘリウム」という元素になるのです。

　ほかの身近な例を紹介しましょう。たとえば私たちが毎日飲む水 H_2O は、酸素Oと水素Hからできています。そして水素Hは、図5.3の左のように「陽子が1個ある原子」からできているのです。もう一方の酸素Oは、図5.3の右のように「陽子が8個ある原子」からできているのです。

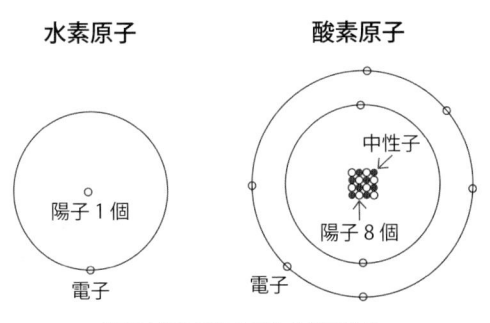

陽子はそれぞれ1個と8個である。

図5.3　水素原子と酸素原子

　陽子の数に基づいて元素を表にしたものが、口絵「図6　私たちは星屑から作られた」にあります。しかし、あまりなじみのない元素もたくさん載っているので、ここでは表のなかから比較的有名と思われる元素をピックアップして図5.4に載せました。この図によると、金は陽子が79個、銀は陽子が47個、プラチナは陽子が78個の原子ということになります。

Lesson 5 ★ 私たちは星屑の子供たち

陽子の数	1	2	3	6	7	8	9
元素	H 水素	He ヘリウム	Li リチウム	C 炭素	N 窒素	O 酸素	F フッ素

陽子の数	10	11	14	20	26	28	29
元素	Ne ネオン	Na ナトリウム	Si シリコン	Ca カルシウム	Fe 鉄	Ni ニッケル	Cu 銅

陽子の数	30	47	78	79	80	82	92
元素	Zn 亜鉛	Ag 銀	Pt プラチナ	Au 金	Hg 水銀	Pb 鉛	U ウラン

図 5.4　主な元素の例

　図5.4を見て、身近な元素に陽子が何個あるか、自分でいくつか確認してみましょう。先ほどの錬金術の話と関連させると、この図からわかるように、金を作るためにはなんと「陽子が79個もある原子核」を作らなければならないのです。

> **元素クイズ**
> 1. 炭素は陽子が何個でしょう？
> 2. 窒素は陽子が何個でしょう？
> 3. 陽子の数が2個の元素は何でしょう？
> 4. 陽子の数が92個の元素は何でしょう？

　答えは「1.　6個　2.　7個　3.　ヘリウム　4.　ウラン」となります。

原子核における中性子の数

これまで、中性子はほとんど無視してきました。かわいそうなので、ここで中性子についても説明しましょう。原子核における中性子の数はいくつでしょう？

3つともすべて水素原子

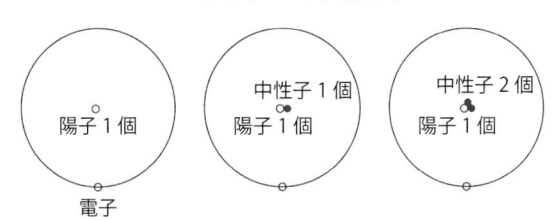

図5.5　水素の同位体

図5.5において、3つの原子は違う元素のように見えるかもしれませんが、すべて陽子が1個なので、どれも水素という元素をかたち作る「水素原子」なのです。このように陽子の数が同じで中性子の数が異なる原子核を互いに同位体といいます。このように、中性子の数は違っても陽子の数が違わなければ同じ元素なのです。

さてそれでは、この3つの水素原子のうち自然界に最も多くあるものはどれでしょう？　実は、自然界にある水素は、図5.5の左のように「陽子が1個で中性子が0個」の原子のものがほとんどで、それ以外のものはごくわずかです。

ただし、水素以外のヘリウム（図5.2）や酸素（図5.3）を見ると、陽子の数と中性子の数は同じになっています。水素を除く多くの元素には、陽子の数と中性子の数がだいたい同じのものが多く存在します[*4]。つまり、大雑把には「陽子の数と中性子の数はだいたい同じのものが多い」と考えておけばいいでしょう。

[*4]　ただし、陽子の数が多い元素では、中性子のほうが陽子よりも多めになる。

5.3 黄金の作り方、教えます

水素からヘリウムを作る

　元素のしくみはわかりましたが、錬金術師が失敗した黄金は本当に作れるのでしょうか？

　元素は陽子の数で決まるというわけでした。それならば、原子核どうしをぶつけてやれば新しい元素ができそうです。

　実際、これは正しいのです。たとえば図5.6を見てください。この図は「水素という陽子1個の元素を2つぶつけて、ヘリウムという陽子2個の元素」を作っている様子です。水素からヘリウムが作れるのです。元素どうしをうまくくっつけてしまえば、錬金術師にはできなかった新しい元素を実際に作ることができます。

水素からヘリウムを作る

水素（陽子1個）＋水素（陽子1個）⟶ヘリウム（陽子2個）＋中性子

○ 陽子
● 中性子

図5.6　元素を作る方法の例

　そして金は、水銀Hgとベリリウム Be を勢いよく衝突させると作られることが知られています[*5]。

　こんなふうにいうと、簡単に元素が作れて金が手に入れられそうです。でも、そんなわけはありません。この方法が簡単であれば、人類はみんな金をたくさん作っていたことでしょう。実はまだ、いろいろな困難が待ち受けています。その1つは、原子核には陽子というプラスの電気があるので、プラスどうし反発しあって、そう

[*5]　ただし、加速器と呼ばれる実験装置を使う。

簡単には原子核どうしが近づけないのです。ちょうど磁石のN極とN極が反発しあって、N極どうしを近づけるのが大変なのと同じです。

磁石のN極とN極は反発する

←──S────N──　──N────S──→

電気のプラス（＋）とプラス（＋）は反発する

←────────⊕────⊕●────────→

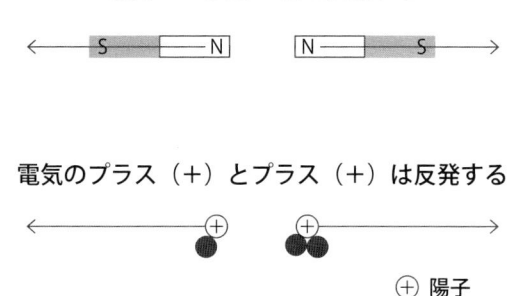

⊕ 陽子
● 中性子

図5.7　プラスとプラスは反発しあう

　しかも、陽子の数が多くなるほどプラスの電気が増え、反発力は大きくなります。陽子の数が大きい元素（金、プラチナなど）を作るのは反発力が大きくなる分、大変なのです。
　元素を作るためには、まずこのプラスの電気どうしの反発を乗り越えていく必要があり、一筋縄ではいきそうにありません。

column　中性子で元素を作る

　元素を作る方法をもう1つ紹介しておきましょう。それは中性子を使う方法です。中性子は電気がゼロです。そのため、プラスの電気どうしの反発などありません。中性子ならば簡単に原子核に近づくことができるのです。
　さて、元素はヘリウム（図5.2）や酸素（図5.3）のように、だいたい「陽子の数＝中性子の数」となります。それでは、もしも中性子の数と陽子の数が全然違っていたらどうなるでしょう？
　たとえば、炭素Cは陽子の数が6個なので、普通は中性子の数は6個です。しかし、「陽

子の数は6個だけど中性子の数が8個」という炭素もあります。この炭素は中性子の数が多いので、「陽子の数＝中性子の数」になろうとします。

しばらくすると[*6]、原子核のなかの中性子1個が陽子に変化して、「陽子の数7個、中性子の数7個」の元素ができます。このようにして陽子の数が7個に増えたので、新しい元素「窒素」ができたことになります。

よって、もしも中性子がたくさんあるなら、元素に中性子をくっつけてしまえば、しばらくすると原子核のなかで中性子が陽子になることがあるので、元素が作れるということになります[*7]。しかし、たくさんの中性子を作るのは大変なので[*8]、この方法も一筋縄ではいきません。

水爆で元素を作る

実は最近、人類は元素を作ることができるようになりました。その例は「水素爆弾」です。これは、あの広島、長崎に投下された悲惨な原子爆弾よりも強力な爆弾です。

図5.8 水素爆弾の爆発のような高温の場所で元素は作られる

[*6] 5730年。
[*7] β^-崩壊という。
[*8] 中性子は単独では約1000秒ほどで陽子に変わってしまうことが知られている。

反発しあう磁石のN極どうしも激しい爆発があれば、その衝撃と高熱で簡単に近づけることができます。

　水素爆弾の爆発は非常に高温になるので、プラスの電気を持つ水素原子核どうしも近づくことができて、ヘリウムができます。たとえば、図5.6の水素からヘリウムを作る反応が実際に起こるのです。

　雰囲気的には、「高温」の世界があれば、中性子や陽子、いろいろな元素どうしが激しくぶつかりあって新しい元素ができそうです。そんな高温の世界はどこにあるのでしょう？

5.4　元素はビッグバンで作られた？

　それは大宇宙にあります。Lesson 4で、私たちの宇宙は約138億年前の火の玉宇宙の大爆発、ビッグバンではじまったことを紹介しました。ここで「高温の火の玉宇宙の大爆発」というところが重要です。宇宙誕生の瞬間、高温高密度の大爆発があれば、新しい元素を作れるからです。

> この世界のあらゆる元素は
> ビッグバンの大爆発で作られた。
> ——ジョージ・ガモフ

図5.9　ビッグバン理論の提唱者、ジョージ・ガモフ

　ビッグバン理論を提唱したガモフは、まさにそのビッグバンの大爆発によって、元素が次々と作られ、この世界のあらゆる元素が作られたと考えました。こ

のガモフの、火の玉宇宙のビッグバンがあらゆる元素を作る理論を「$αβγ$ 理論」といいます。一見難しそうに思えるかもしれませんが、単に $γ$ はガモフ自身（G. Gamow）、$α$ はラルフ・アルファ（R. A. Alpher）という人からとっています。$β$ は $αβγ$ とすると語呂がいいということで、ガモフがハンス・ベーテ（H. Bethe）を共著者にしたといわれています。お茶目ですね。

　とにもかくにもガモフが「$αβγ$ 理論」で提唱したように、酸素、炭素、水素、金、銀、プラチナといった私たちの世界のあらゆる元素が「ビッグバンで作られた元素」だったら、なんとすてきでロマンチックなことでしょう。

　　　　　　私たち（元素）は宇宙創成時のビッグバンで作られた子供たち

なんていえるわけです。これは、ある意味、旧約聖書の『創世記』とも似ています。旧約聖書では、

> 初めに、神は天地を創造された。
> 地は混沌であって、闇が深淵の面にあり、神の霊が水の面を動いていた。
> 神は言われた。「光あれ。」こうして、光があった。
> 神は光を見て、良しとされた。神は光と闇を分け、
> 光を昼と呼び、闇を夜と呼ばれた。夕べがあり、朝があった。
> 第一の日である。
>
> 　　　　　　　　　　　　　　旧約聖書『創世記』より

というふうに世界が作られはじめ、1週間で世界が作られます。ガモフの理論も、宇宙創世記のビッグバンのときに元素もみな一気に作られたというものだったのです。

　しかし残念ながら、よく調べて見ると、ビッグバンでは陽子数の少ない元素しか作れないことがわかりました。具体的には、水素やヘリウム（それぞれ陽子1個と2個）くらいしか作れなかったのです。陽子の数が比較的多い元素、たとえば酸素や炭素（それぞれ陽子8個と6個）はビッグバンでは作れません。旧約聖書のようにはうまくいかなかったのです。

陽子の数	1	2
元素	H 水素	He ヘリウム

図 5.10 ビッグバンで作られた元素（主なもの）

　なぜかというと、ビッグバンでは宇宙が膨張するとともに宇宙は急速に冷えて密度も下がっていくので、元素を作るのに適した高温であった時間はすぐに終わってしまったのです。つまり、元素をたくさん作る前に宇宙は冷えて元素を作れなくなってしまったのです。

　それでは、私たちの身の回りにある元素はいったいどこで作られたのでしょうか？

5.5 星の死とともに作られる元素

星のなかで作られる元素

星が輝くわけ

　その鍵は星のなかにあります。皆さんは星を見て、

　　　　　　　　　星はなぜ輝いているの？

と考えたことはありませんか？

（http://www.photolibrary.jp/）

図5.11　星はなぜ輝いているの？

　星が輝いている理由。それは、星のなかで新たに元素が作られているからなのです。ビッグバンと異なり、星は十分に長い間高温です。たとえば、身近な星である私たちの太陽は約46億年前に生まれ、明るく輝いていますが、この太陽が輝いている理由は、星のなかが約1500万度という高温で、水素からヘリウムが作られ、そのときのエネルギーで輝いているのです。
　ほかのいろいろな星も、このように新しい元素が作られるときのエネルギーによって輝いているのです。

重たい星で作られるたくさんの元素

　それでは、星のなかでどこまでの元素が作られるのでしょうか？
　元素を作るためには、星の質量が重要な役割を果たします。星の質量が重くなると、いろいろな元素が作られるのです。質量が重い星ほど中心部の温度が高くなるので、元素を作りやすくなります。
　そしてもう1つ重要なことは、これらの重い星は年をとるといろいろな元素を作るのです。その際、おもしろいことに、図5.12のように、食べ物の玉ねぎのようないろいろな元素の層が星のなかに作られます。

5.5 星の死とともに作られる元素

重たい星のなかは「元素の玉ねぎ」のようになる

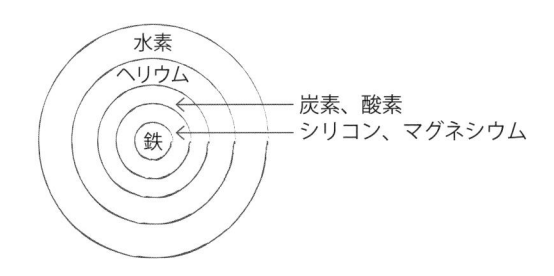

図5.12 重たい星のなかは年老いると「元素の玉ねぎ」のような層が作られる

たとえば、質量が太陽の10倍以上の重い星のなかでは、星が年をとると鉄までの層が作られます。ただし残念ながら、太陽の場合は質量が軽いので鉄まで作ることはできず、年をとっても炭素や酸素までしか作れません。

このように特に重い星では、私たちの身の回りにある陽子が26個までの元素、たとえば炭素（6）、窒素（7）、酸素（8）〜鉄（26）を星のなかで作ることができるのです（かっこのなかの数は陽子の数）。

陽子の数	1	2	3	6	7	8	9
元素	H 水素	He ヘリウム	Li リチウム	C 炭素	N 窒素	O 酸素	F フッ素

陽子の数	10	11	14	20	26
元素	Ne ネオン	Na ナトリウム	Si シリコン	Ca カルシウム	Fe 鉄

図5.13 星のなかの元素および星のなかで作られる元素の例

しかし、それでも鉄までしか作ることができません[*9]。銀（47）、プラチナ（78）、金（79）はどこで作られるのでしょう？

超新星（スーパーノバ）爆発

その鍵は「超新星（スーパーノバ）」にあります。超新星とは、星の明るさが数日のうちに急激に明るくなり、数週間明るく輝き、そしてまた暗くなっていく星です。

有名な超新星としては、1054年の超新星爆発があります。このときは図5.14のように、オリオン座のそばに、オリオン座よりもずっと明るい超新星が突然現れたのです。超新星が現れてから数週間は、金星のように昼間でも見えたといわれています。ところが、この超新星は数年後には肉眼で見えなくなってしまいました。このように星空に突然現れては消える超新星の正体は何でしょう？

星空に急に超新星が現れて、消えていく

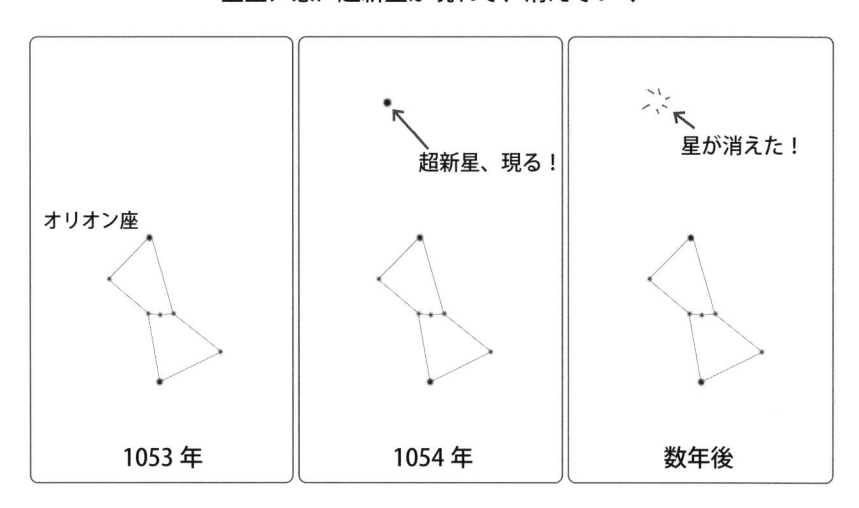

図5.14　1054年の超新星

[*9] ただし、sプロセス（slow process）というプロセス（過程）で陽子が83個のBi（ビスマス）まで作られるとも考えられている。

それは、比較的重たい星（質量が太陽の8倍以上）が最後にすさまじい大爆発を起こして死ぬのですが、その大爆発が超新星（スーパーノバ）[*10]なのです。あまりにもすさまじい大爆発なので、あたかも急に星が現れたように見えるのです。

このようなすさまじい超新星爆発（質量が太陽の10倍以上）によって、鉄よりも陽子数の多い金、銀、プラチナなどのいろいろな元素が作られたとする説が有力です[*11]。つまり、星の死とともに金、銀、プラチナなどの元素が作られたわけです。このようにして、私たちの世界をかたち作る元素は作られました。

陽子の数	1	2	3	6	7	8	9
元素	H 水素	He ヘリウム	Li リチウム	C 炭素	N 窒素	O 酸素	F フッ素

陽子の数	10	11	14	20	26	28	29
元素	Ne ネオン	Na ナトリウム	Si シリコン	Ca カルシウム	Fe 鉄	Ni ニッケル	Cu 銅

陽子の数	30	47	78	79	80	82	92
元素	Zn 亜鉛	Ag 銀	Pt プラチナ	Au 金	Hg 水銀	Pb 鉛	U ウラン

図 5.15　超新星のなかの元素および超新星で作られる元素の例

[*10] II型超新星。1054年の超新星爆発もおそらく、このII型と考えられている。超新星にはI型とII型、そのなかの細かい分類など、質量等によりいろいろなタイプがある。
[*11] rプロセス（rapid process）というプロセス（過程）で作られたと考えられている。

超新星爆発によって宇宙にばらまかれる元素

　オリオン座のそばに1054年に現れた超新星。これは星が死ぬときの大爆発であったわけですが、その大爆発の残骸を今でも見ることができます。
　図5.16がその超新星の残骸で、今は「かに星雲」と呼ばれています。星の大爆発によって残骸が大きく広がり、何と約10^{17}mの大きさまで広がっています*12。これは、太陽から海王星までの距離約$4.5×10^{12}$mの約1万〜10万倍もの距離です。このように残骸が宇宙空間に大きくばらまかれるのです。超新星爆発はたくさんの元素を生み出します。しかし、元素が合成されただけでは、その元素が星のそばにあるだけです。

図5.16　超新星の残骸である「かに星雲」

　図5.17のように、超新星爆発によって元素が広く宇宙空間にばらまかれ、それらの元素が太陽系をかたち作るときに取り込まれたのです。つまり、超新星爆発のおかげで元素が宇宙空間に広がり、その結果、地球上にいろいろな元素があるわけです。

---

*12　データは『天文年鑑2010年版』誠文堂新光社より。

超新星爆発で元素が大宇宙にばらまかれる！

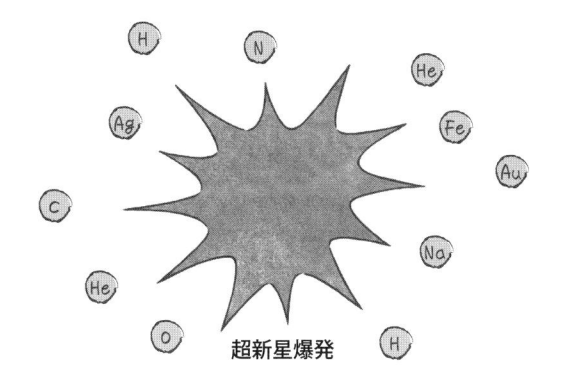

図 5.17　超新星でばらまかれる元素

5.6　私たちは星屑の子供たち

　今回、私たちの身の回りの元素がどこで作られたかを学びました。私たちや美しい自然の姿、これらをかたち作る元素は、ビッグバン、星、そして星の死（超新星爆発）によって作られたのです。

　しかし、ビッグバンでは水素やヘリウムくらいしか作られません。夜空に輝く星のなかでいろいろな元素が作られ、超新星爆発でさらに新たな元素が作られて元素が宇宙にばらまかれ、私たちの地球の元素となったのです。地球上の元素はほぼ星屑で作られたといえるのです。そういう意味では、私たちはみな、星屑の子供たちともいえるのです。

Lesson 5 ★ 私たちは星屑の子供たち

地球上の元素は「星屑で作られた」

（筆者撮影）

図 5.18　星屑の子供たち

Lesson 6

オーロラは太陽からの手紙
―太陽がオーロラの源―

フシギ度
★★★

ロマンチック度
★★★★★

オーロラは何色をしているでしょう？

カナダやアラスカ、北欧など北の国に旅行に行くと、暗黒の夜空を色鮮やかな「オーロラ」の光の帯が舞う姿をしばしば見ることができます。
この美しいオーロラ、実は太陽の活動がその源なのです。
「オーロラは太陽からの手紙」ともいえるのです。
今回はオーロラのしくみと、オーロラを通じて光について学びましょう。

Lesson 6 ★ オーロラは太陽からの手紙

6.1 北の国の芸術、オーロラ

アラスカ・フェアバンクスのオーロラ

（筆者撮影）

図6.1 アラスカ・フェアバンクスのオーロラ

　読者の皆さんはオーロラを実際に見たことはあるでしょうか？　オーロラはアラスカ、カナダ、北欧などで見ることができます。筆者はアラスカのフェアバンクスというところではじめてオーロラを見たのですが、真夏の入道雲よりも大きく見えるオーロラの光の帯が夜空を舞う姿は、本当に感動ものでした。

　図6.1の写真を見てください。この写真は筆者が撮影したオーロラの写真ですが、左の写真はまるでオーロラが炎を放っているようです。右の写真はオーロラの光の帯が空を舞っているようです。このように、

オーロラは北の国の芸術

といえるでしょう。筆者が参加したオーロラツアーは、おそらく40〜50代の参加者が多かったと思うのですが、まるで子供のようにはしゃいでいました。それだけ、生のオーロラは感動ものなのです。

オーロラはどこで見える？

　さて、このオーロラ、北のほうでしか見られないわけではありません。実は南のほうでも南極に近づくと見ることができます。オーロラは地球の磁場と深く関係しています。方位磁石を使うと北や南の方向がわかるのは、地球が磁石のようになっているためです。オーロラはその地球の磁石の極[*1]に近づいていくと見えるようになるので、アラスカなどの北の国だけでなく、南極のほうでも見えるのです。しかし、あまり北極や南極に近づきすぎると逆に見えにくくなります。

　オーロラは北極や南極の周りにある地球磁気緯度65度と70度の間の「オーロラ帯」と呼ばれるところでよく見えるのです。図6.2には、磁気緯度60度と75度の間のオーロラ帯を含む、オーロラがよく見える地域を示しています。

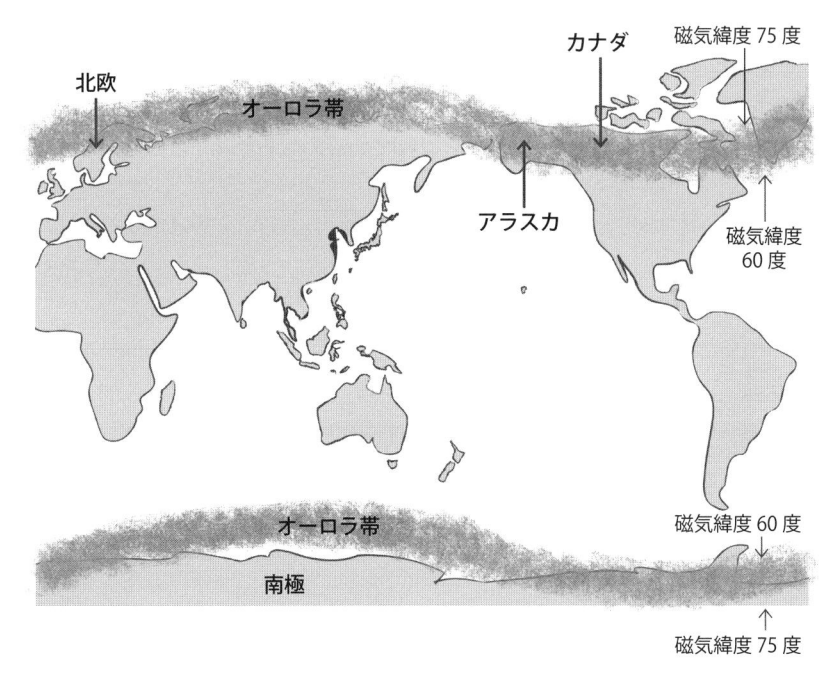

図6.2　オーロラ帯

[*1] ただし、磁石の北極、南極と、地球の自転の北極点、南極点は少しずれている。たとえば磁石の北極は、北極点ではなくグリーンランド北西部あたりになる。

図6.2を見ると明らかなように、南の「オーロラ帯」は人がほとんど住んでいないところにあります。オーストラリアや南米、南アフリカもオーロラ帯に入っていません。ほとんど南極大陸周辺です。

一方、北の「オーロラ帯」には北欧、アラスカ、カナダなど、人が住んでいるところが多いのです。そのため、これらの北の国でしばしばオーロラが見られるということになるわけです。

ただし、このオーロラ帯の外ではまったくオーロラが見えないというわけではありません。たとえばニューヨークはオーロラ帯から外れていますが、ときどきオーロラが現れます。

オーロラはどんな色？

オーロラにはいろいろな色のものがあります。最もよく見られるのは緑色のオーロラです。とても鮮やかな色彩です。

緑のオーロラ以外に、赤のオーロラもあります。さらに、筆者はまだ見たことはありませんが、「ピンク色のオーロラ」なんていうのもあります。一度は見てみたいものです。

6.2 オーロラや花火の色彩が鮮やかなわけ

さて、オーロラは、なぜ緑や赤やピンクなど鮮やかな色をしているのでしょうか？　そもそも、なぜオーロラはいろいろな色をしているのでしょうか？　順を追って説明しましょう。

オーロラのように鮮やかな色をしたものが、実は私たちの身近なところにあります。それは花火です。

実際のオーロラを見たことがない人でも、花火なら多くの人が夏に見たことがあると思います。そこで、オーロラの代わりに、まずは花火を調べてみましょう。

夏の打ち上げ花火はいろんな色をしている

図 6.3　花火

　夏の打ち上げ花火は赤、緑、青、黄と本当に鮮やかな色をしています。それでは、どのようにしていろいろな色の花火を作っているのでしょう？　花火の色を変えるにはどうすればいいのでしょう？

　花火の色を変えるには、基本的に花火の火薬を変えればいいのです。火薬の成分によって色が変わります。

　表 6.1 に、花火に使われる化合物の例を載せています。花火の赤にはストロンチウム化合物やカルシウム化合物などが使われます。緑にはバリウム化合物、青には銅化合物、黄にはナトリウム化合物などが使われます。

　ここから、火薬を混ぜるといろいろな色を作ることができます。たとえば、紫は炭酸ストロンチウム（赤）と酸化銅（青）を混ぜると作れます。

表6.1 花火の色と化合物

色	化合物	例
赤	ストロンチウム化合物	炭酸ストロンチウム
	カルシウム化合物	炭酸カルシウム
緑	バリウム化合物	硝酸バリウム
青	銅酸化物	酸化銅
黄	ナトリウム化合物	シュウ酸ナトリウム
紫	――	炭酸ストロンチウムと酸化銅を混ぜる

細谷政夫、細谷文夫著『花火の科学』東海大学出版会（1999）および
吉田忠雄、丁大玉著『花火学入門』プレアデス出版（2006）より一部抜粋

6.3 原子が出す炎がオーロラのヒント？

炎色反応

化合物によって決まった色が出る例は花火だけではありません。皆さんが学校で実験した「炎色反応」もその例です。

原子ごとに色が異なる

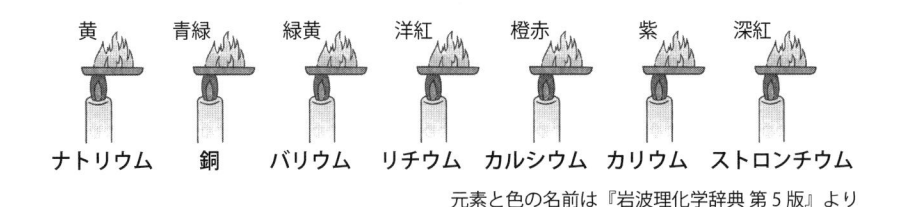

黄	青緑	緑黄	洋紅	橙赤	紫	深紅
ナトリウム	銅	バリウム	リチウム	カルシウム	カリウム	ストロンチウム

元素と色の名前は『岩波理化学辞典 第5版』より

図6.4 金属の炎色反応

ナトリウムや銅などの元素が含まれた化合物*2を火であぶると、元素によって

---

*2 アルカリ金属、アルカリ土類金属などの塩類。

いろいろな色が出ます。これが炎色反応です。いちばん身近な例はナトリウムです。ナトリウムは、料理で使う食塩に含まれています。食塩の主成分は塩化ナトリウムなのです。図6.4のいちばん左のように、この塩化ナトリウムを燃やすと黄色の光が出ます。

この黄色の光を私たちは簡単に見ることができます。まず、台所に行って味噌汁の鍋をガスコンロで沸騰させます。そして、その味噌汁の汁が吹きこぼれると、ガスコンロの上に黄色い炎が出ます。この黄色い炎は食塩のなかのナトリウムの色なのです。

このほかの例としては、図6.4のように、銅を燃やすと青緑色になります。バリウムを燃やすと緑黄色になります。ストロンチウムは、表6.1では花火の赤色に使われているとありますが、確かに深紅になっています。このように、原子ごとに特有の色が出るのです[*3]。

原子は特定の光を出す

この原子ごとに特有な炎の出す光は、ある特徴を持っています。

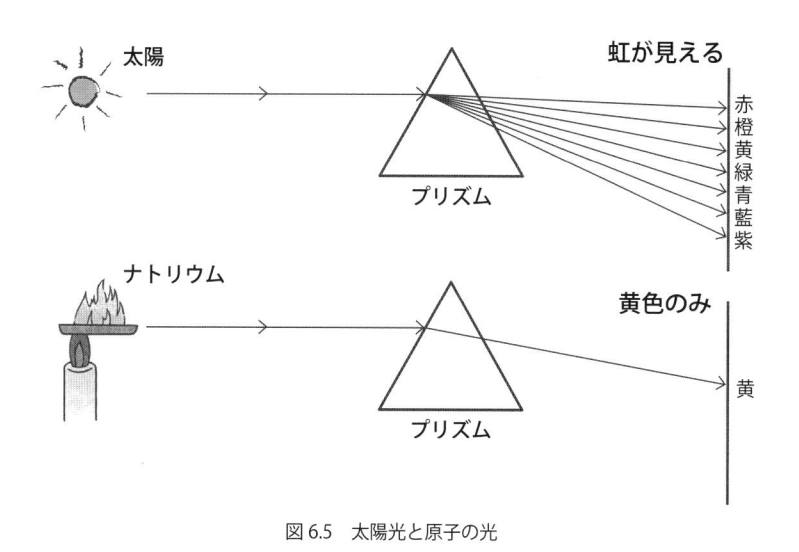

図6.5 太陽光と原子の光

[*3] 6.6で説明するように、酸素原子の出す光が緑になったり赤になったりするなど、同じ原子でも色が変わることもある。

Lesson 3で紹介したように、太陽から出た光はプリズムを通すと虹になります。これは、波長の長い赤い光や波長の短い青い光など、いろいろな波長の光が出ていることを意味します。

ところが、たとえばナトリウムから出た黄色の光をプリズムに通すと、図6.5のように黄色い細い線は見えますが、虹は見えません。これは、原子（ナトリウム）からは連続したいろいろな波長の光ではなく、ある特定の波長の光（黄色）が出てくるということを意味します。この特定の波長の光は元素ごとに違います。その結果、原子ごとに特有の色が出てくるわけです。

以上から、「光」と「原子」がオーロラを知るためのキーワードのようです。そこで次に、光と原子について詳しく調べていきましょう。

6.4　光は「光子」でできている？

さて、次のクイズを考えてみましょう。

　　　　　紫外線と紫色の光、どちらがエネルギーが大きい？

どうでしょう？　わかりますか？　紫外線はお肌に悪いことが知られているので、直感的に紫外線のほうがエネルギーが大きいと思った人が多いではないでしょうか。実際、紫外線のほうが紫色の光よりもエネルギーが大きくなるのです。

Lesson 3では、光の波長は短い順にγ（ガンマ）線、X線、紫外線、可視光（紫藍青緑黄橙赤）、赤外線、電波となることを紹介しました。紫外線は紫色よりも波長が短くなっています。つまり、

　　　　　光の波長が短くなると光のエネルギーは大きくなる

のです。実際、波長の長い電波や可視光は人体に悪影響をほとんど及ぼしません。しかし、波長の短い紫外線は日焼けなど、人体に悪影響を及ぼします。さらに波長が短いX線も体によくありません。もっと波長が短いγ線は原子爆弾が爆発す

6.4 光は「光子」でできている？

るときなどに出てきますが、当然体によくありません。このように、一般的に光は波長が短くなると、人体に悪影響を及ぼします。

その理由の1つは、光は波長が短くなるほどエネルギーが大きくなり、化学反応などの反応[*4]を起こしやすくなるからです。つまり、光は波長に応じたエネルギーを持っているのです。

「光は波長に応じたエネルギーを持つ」ということをどのように解釈すればいいのでしょう？ 1905年にアインシュタインは、

光は波長に応じたエネルギーを持つ「光子」という粒子である

という仮説を発表します（光量子仮説）[*5]。光はボールのように1個2個と数えられるのです。

このアインシュタインの仮説を使うと、波長の短いγ線やX線は非常に大きなエネルギーを持つ光子なので化学反応（核反応）などの反応を起こしやすく人体に悪影響があるのですが、それらと比べて波長の長い可視光の光子はエネルギーが小さいので、人体への悪影響は無視できるといえるのです。

そしてアインシュタインは、相対論ではなく、この光粒子仮説によりノーベル賞を受賞したのです。

波長が短いほどエネルギーは大きくなる

							光子
大 ←						→ 小	エネルギー
γ線	X線	紫外線	可視光 紫藍青緑黄橙赤	赤外線	電波		
10^{-11}m	10^{-8}m		3.8×10^{-7}m 7.8×10^{-7}m	10^{-3}m	1m	10^3m	波長
短い ←						→ 長い	

図6.6　波長とエネルギー

[*4] γ線になると核反応を起こす。
[*5] 光電効果と呼ばれる現象を説明するために導入された。

ここでは光子を、「波長を持った粒子」ということで、図6.6の「光子」のように描くことにします。粒子っぽくて波長がある雰囲気が伝わるでしょうか？

それでは光子に慣れるため、可視光に当てはめてみましょう。すると、図6.7のようになります。

光子のエネルギーは波長が短いと大きくなる

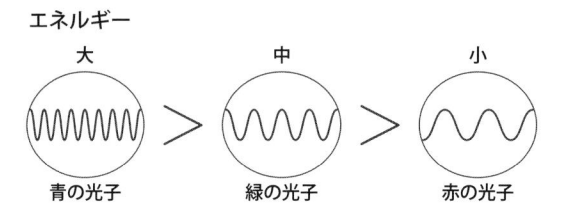

エネルギー
大 ＞ 中 ＞ 小
青の光子　緑の光子　赤の光子

図6.7　青、緑、赤の光子のエネルギー

青は緑よりも、緑は赤よりもエネルギーが大きくなっています。この事実は次のLesson 7でも重要になるので、ぜひ覚えておきましょう。

> **クイズ**
> 青、赤、緑の光子をエネルギーの小さい順に並べましょう。

答えは「赤、緑、青」になります。

6.5　原子で生まれる光

外側を回るほどエネルギーが大きい

オーロラを知るために今度は「原子」を調べます。もう少しです。がんばりましょう。

原子核の周りには、図6.8の右のように、電子が惑星のように軌道を回っています。ちょうど、図6.8の左のように、じょうごをくるくる回して、ビー玉がまわって

いるような感じです。そこで、原子の様子を知るために、じょうごとビー玉の比喩を少し考えてみましょう。

外側を回るほどエネルギーは大きい

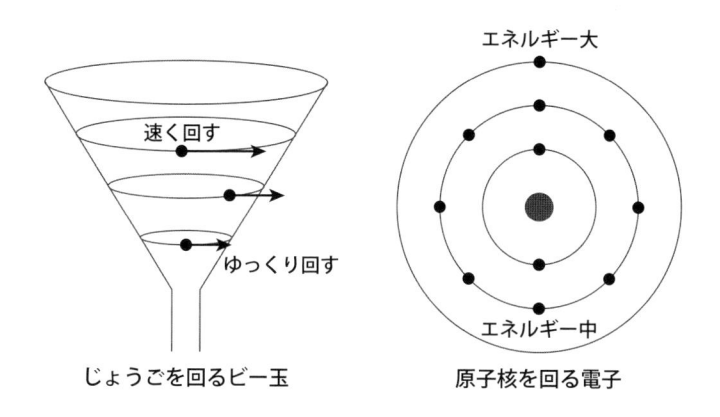

図6.8　じょうごを回るビー玉と原子核を回る電子

さて、じょうごをゆっくり回すと、じょうごのなかのビー玉は当然、下つまり内側のほうに落ちていきます。一方、じょうごを速く回すと、ビー玉は外側のほうを回ります。これは、エネルギーで考えると、

- じょうごをゆっくり回すと、ビー玉は少しエネルギーを失い内側を回る
- じょうごを速く回すと、ビー玉はよりエネルギーを得て外側を回る

となります。このように考えると原子核の周りを回る電子も、

- 内側の軌道を回る電子のエネルギーは小さい
- 外側の軌道を回る電子のエネルギーは大きい

となります。どちらの場合も「外側を回るほどエネルギーは大きく」なります。

光が生まれるしくみ

これでようやく、オーロラ、花火、炎色反応のようなきれいな光が生まれるしくみを説明する準備ができました。これらの光は次のStepで生まれます。

まず、図6.9において外から2番目の「エネルギー中」の軌道を回る電子がはじかれて、いちばん外側の「エネルギー大」の軌道に飛ばされたとします。

Step 1　電子が内側の軌道へ落ちる

Step 2　電子が失ったエネルギーで光が生まれる

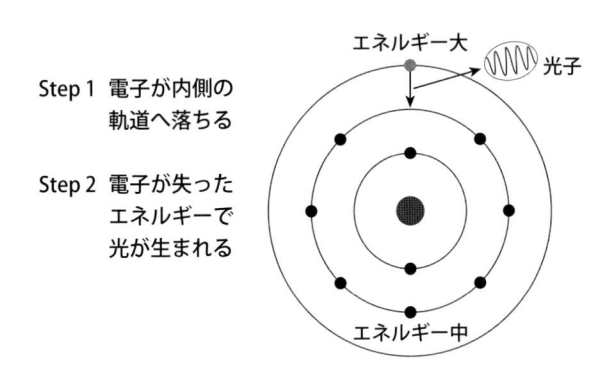

図6.9　光が生まれるしくみ

Step 1

この電子が外側を回っている状態で、しばらく時間がたつとどうなるでしょう？ この場合も、じょうごとビー玉の比喩が役に立ちます。じょうごを速く回すとビー玉は外側を回るわけですが、じょうごを回すのをやめるとどうなるでしょう？　当然、ビー玉は摩擦でだんだん勢いを失って内側に落ちていきます。同じように、原子でも外側を回っている電子は不安定なため、エネルギーを失って内側の軌道に落ちてきます。

Step 2

このとき、失われたエネルギーはどうなるのでしょうか？

実は、この失ったエネルギーから1個の光子ができるのです。このようにして、電子が失ったエネルギーが光のエネルギーとなって光が生まれるのです。ここで、光のエネルギーは、電子の失ったエネルギー、つまり電子のエネルギー差であることに注意しましょう。つまり、

6.5 原子で生まれる光

光のエネルギー＝電子のエネルギー差

なのです。

原子が特定の色を出す理由

　光が出る理由はわかりました。今度は、オーロラ、花火、炎色反応で原子によっていろいろな異なる色が出る理由を紹介します。

　図6.9の電子軌道の様子は原子によって変わります。たとえば図6.10のように、原子が変わると軌道の様子も変わるのです。じょうごの比喩でいうと、原子ごとにじょうごのかたち、大きさが少しずつ違っていると考えればわかりやすいでしょう。そして、軌道を回る電子のエネルギーも原子ごとに違うので、電子が失ったエネルギー、すなわち光のエネルギーも原子ごとに変わります。その光のエネルギーに応じて青い光や、緑、赤の光が生まれるのです。これが、原子が特定の色を出す理由なのです。

原子によって軌道の様子が変わる

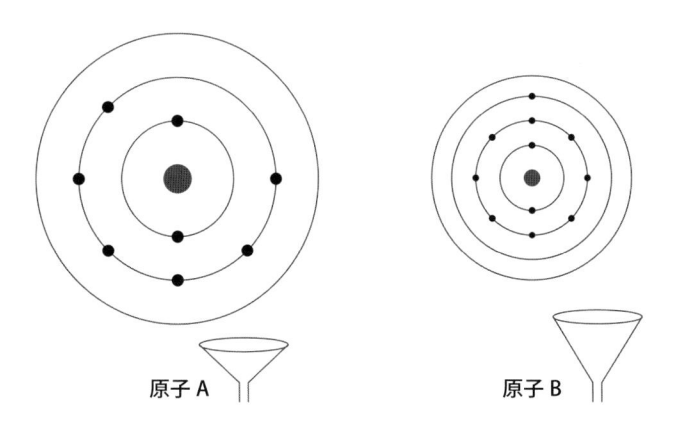

図6.10　2つの原子とその軌道

6.6 オーロラは太陽からの手紙

太陽から降り注ぐ電子や陽子

それでは、これからオーロラのしくみを説明します。オーロラの源は太陽の活動にあります。

太陽からの電子や陽子（プラズマ）と地球の磁力線とオーロラ

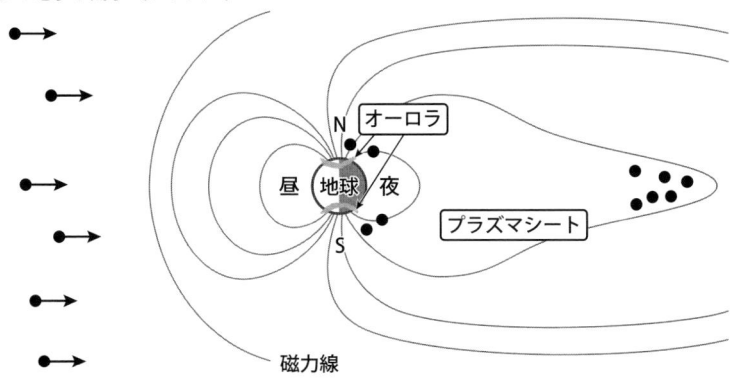

図 6.11　太陽風と地球

太陽からは、「太陽風」という風が吹いています。とはいっても空気の風ではなく、マイナスの電気を持った電子やプラスの電気を持った陽子（これらを合わせてプラズマといいます）など電気を持った粒子[*6]が、主に太陽から風のように飛んでくるのです。

この太陽から飛んでくる電子や陽子などでできたプラズマが、地球の磁力線と絡み合って[*7]地球の夜側に集まります。これはプラズマシートと呼ばれます。そし

[*6] He^{++}なども少量存在する。またプラズマとは、プラスとマイナスの電気をそれぞれ持った粒子が存在し、電気的にプラスとマイナスが打ち消しあって中性になっている状態。
[*7] ここの話はかなり複雑になる。より詳しく知りたい人は、赤祖父俊一著『オーロラへの招待―地球と太陽が演じるドラマ』中公新書（1995）を参照してほしい。

て、このプラズマがアラスカ、北欧、南極大陸空など極地方に降り注ぎます。これらの電子がオーロラの源になります。そのため、オーロラは夜のほうがよく見えるのです。

オーロラの生まれ方

オーロラは地上からおよそ90〜500km（10^5m程度）上空で図6.12のようにして作られます[*8]。

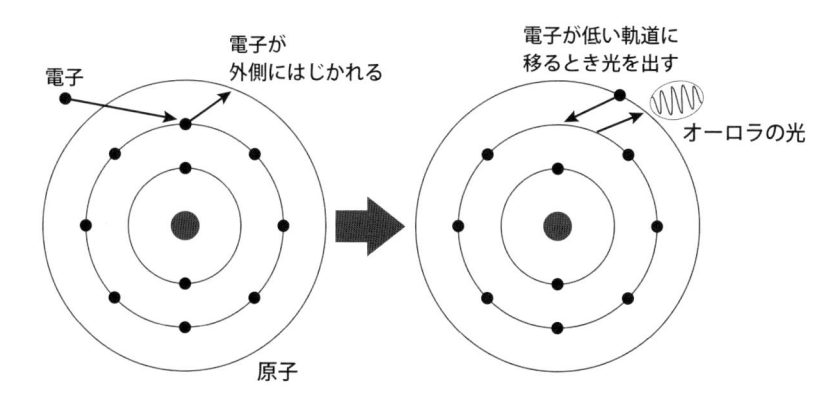

図6.12 オーロラの生まれ方（模式図）

電子が上空の酸素原子などにぶつかります。すると図6.12の左のように、電子ははじかれて外側の軌道に飛ばされます。これにより、図6.5で説明したように、エネルギーは大きくなります。

外側の軌道にはじかれた電子は不安定なので、図6.12の右のように、時間がたつと内側の軌道に落ちていきます。このときエネルギーを失うわけですが、このエネルギーが光となってオーロラが生まれるのです[*9]。

緑のオーロラの生まれ方

いちばんよく見られる緑色のオーロラは、このようにして電子が酸素原子にぶつ

[*8] 図6.12は模式図であって、軌道、電子の数は正確ではない。
[*9] ただし、分子の場合などはエネルギーの高い状態はもっと複雑になる。

かった場合に見られます。緑のオーロラは、地上からおよそ100km以上の上空で見えます。

なぜ、こんなに上空でオーロラはできるのでしょう？　地上からおよそ100km以上の場所では酸素は原子になっています。そして、酸素原子が緑色の光を出すのに約0.7秒かかります。この間にほかの粒子と衝突すると緑色の光を出せません。そのため、空気が十分に薄い上空でないと、オーロラの光は出ないのです。

夜空を舞う光、オーロラ

図6.13　オーロラの色と高度

赤やピンクのオーロラの生まれ方

オーロラには赤いオーロラもあります。これは、電子が同じ酸素原子にぶつかるのですが、電子が酸素原子と比較的ゆっくり衝突し、電子からもらう衝突エネルギーが小さいと、あまりエネルギーの大きな状態になりません。そこで、エネルギーの小さな光しか出せません。図6.7に示したように、赤色は緑色よりエネルギーの小さな光でしたね。それで赤いオーロラができるのです。

酸素原子が赤色の光を出すのには約110秒かかります。この間にほかの原子や分子と衝突すると赤色の光を出せません。そのため、さらに空気が十分に薄い上空でないと、赤いオーロラの光は出ないのです。この赤いオーロラはおよそ300km以上と、比較的高いところで見えます。

表 6.2　主なオーロラの色と光っているものと高度

オーロラの色	光っているもの	地上からのおよその高さ
緑	酸素原子	100km 以上
赤	酸素原子	300km 以上
ピンク	窒素分子	90〜100km

　さらに、美しいピンクのオーロラが現れることもあります。ピンクのきれいなオーロラは窒素分子に電子がぶつかってできます。これはおよそ 90〜100km と、比較的低いところで作られます[10]。

　このように、色鮮やかなオーロラは、地上約 90〜500km にある酸素や窒素などが、太陽から地球磁場を通じていろいろな過程をへてやってきた電子とぶつかってできるのです。「オーロラは太陽からの手紙」なのです。

6.7　太陽の活動とオーロラ

　いかがでしたか？　だんだんオーロラを見たくなってきたのではないでしょうか。オーロラはいつ頃見えるのでしょう？　オーロラは太陽の活動が活発になると見えやすくなります。太陽の表面には「黒点」と呼ばれる黒い点が見られることがあります[11]。黒点の数が多いと太陽活動がさかんと考えられているのです。この黒点の数は、およそ 11 年周期（もう少し短いときもあれば長いときもあります）で増減するといわれています。しかしながら、黒点の数が増えるとオーロラがよく見えるかというと、そんなに単純なものではないようです。統計的には、11 年周期のなかにオーロラのピークは 2 回あるとしているものもあります[12]。

　太陽活動が活発なときは、北海道などでもオーロラを見られるようです。しかし、美しく圧倒されるようなオーロラを見たければ、やはりアラスカなどに出かけたほうがいいでしょう。

---

[10] 窒素イオン分子が光る青紫色のオーロラもある。
[11] ただし、決して太陽を肉眼で見てはいけない。
[12] 上出洋介著『オーロラウォッチングガイド（楽学ブックス 自然1）』JTBパブリッシング（2008）

オーロラは木星でも見える

　オーロラは、一言でいうと、太陽からの粒子（電子）が地球磁場を通じて大気の酸素や窒素とぶつかってできるのでした。それなら、磁場と大気があれば、この美しいオーロラは地球以外でも見ることができそうです。

　たとえば夜空に明るく輝く木星。木星には磁場も大気もあるので、オーロラが現れます。ほかにも、土星、天王星、海王星ではオーロラが現れることが知られています。しかし残念ながら、水星と火星にオーロラはなく、金星はまだよくわからないそうです。

column　オーロラの写真を撮ろう！

　筆者はアラスカのフェアバンクスにオーロラの写真を撮影しに行ったことがあります。そこで、たくさんのオーロラの写真を撮影してきました。ここでは、オーロラ撮影のコツを紹介しましょう。

◉寒さ対策

　オーロラの撮影では「寒さ対策」が重要になります。オーロラ観測所は氷点下20～30度にもなります。寒くなるとバッテリーの消耗が激しくなるので、すぐにバッテリーの電気がなくなってしまいます。そこで、予備のバッテリーを複数持っていく、寒さに強いバッテリーを使うなどの対策をします。

　また、基本的にデジタルカメラは氷点下20～30度の動作保証をしていません。そこで、カメラを布で覆ってやるなどして、カメラを保温します。撮影は寒いので体力勝負です。外で撮影したら休憩所で体を温め、また撮影するということを繰り返します。

　聞いていると大変そうですが、本物のオーロラはそれらの苦労を吹き飛ばしてくれるくらい、すごくきれいで感動的で、あっという間に一晩が過ぎてしまいます。

6.7 太陽の活動とオーロラ

(筆者撮影)

図 6.14　オーロラの撮影風景と休憩所

⦿ カメラ撮影法

　寒さ対策を施したら、夜景撮影と同じように撮影していきます。基本的には露出時間を長くして（シャッターを長時間開けて）光を取り込みます。

　まず、シャッターは直接押してはいけません。長時間シャッターを開けておくので、手ぶれが生じるからです。レリーズを使うか、自動撮影タイマーを使って手ぶれを防ぎます。もちろん三脚は必需品です。

　露出時間、撮影素子の感度であるISO感度、レンズの明るさを表すF値を設定します[*13]。オーロラ全体を写すため、なるべく焦点距離の小さな広角のレンズがいいでしょう。好みにもよりますが、少なくとも焦点距離が30mmより小さいレンズをおすすめします。また、露出時間を短くするため、光をたくさん取り込む明るいレンズ、つまりF値が小さなレンズがいいでしょう。

　参考として、ISO感度は400〜800くらいで、焦点距離、F値をそれぞれ15mm、f2.8などにしておきます。あとは露出時間を5、10、15、20秒と変更してでき具合によって調整して撮影するといいでしょう。

　また、オーロラや星などの写真を撮影する場合、レンズのピント合わせにとまどう人も多いようです。オーロラや星は遠くにあるので、一眼デジタルカメラでピントを無限遠に設定すると、実際はボケてしまいます。でき具合を見ながらきれいに写るようにピントを調整しましょう。

　コツをおさえればオーロラの撮影は意外と簡単です。オーロラを見に行く機会があったら、ぜひトライしてみてください。

---

*13 これらの用語の詳細については牟田淳著『アートのための数学』オーム社（2008）などを参照。

Lesson **1**

星の色は温度で決まる

―温度が変わると色が変わる？―

フシギ度
★★★

ロマンチック度
★★★★

いろいろな色の星があるのは、なぜでしょう？

最近、星空をゆっくりと眺めたことがありますか？
星空を眺めると、きれいな星にもいろいろな色があることに気がつきます。
赤い星、白い星、そして青白い星。
なぜ、いろいろな色の星があるのでしょう？
私たちに身近な星の1つ、太陽も白く輝いています。
なぜ、太陽は白いのでしょう？
今回は星がいろいろな色をしている理由を調べてみましょう。

7.1 星にも色がある

　Lesson 1では、『銀河鉄道の夜』を通じていろいろな星座を学びました。皆さん、覚えていますか？　そこでは、南十字星、さそり座、オリオン座、はくちょう座など、天の川に沿った星座がいろいろ出てきました。

　さて今回は、これらの星座のうち、さそり座とオリオン座をじっくり見てみましょう。

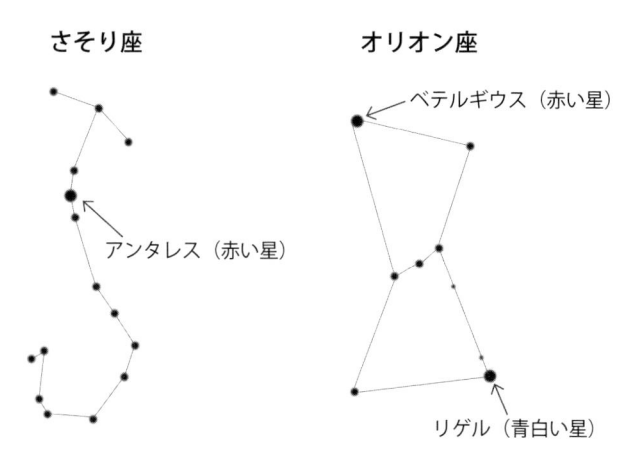

図7.1　さそり座のアンタレスとオリオン座のベテルギウスとリゲル

　さそり座は夏の有名な星座、オリオン座は冬の有名な星座でもあります。さて、これらの星座をじっくり見てみると、あることに気がつきます。それは、星にはいろいろな色があるのです。「本当？」と思うかもしれません。もし今が夜なら、ちょっと夜空を眺めてみてください。オリオン座またはさそり座が見つかったら、じっくり眺めてみましょう。

　数秒間、じっとこれらの星空を眺めてみると、赤い星、青白い星など、いろいろな色の星があるはずです。星が見えないところにいる場合も、大丈夫です。口絵を見てください。赤い星、青白い星など、いろいろなあることがわかるはずです。

「蠍が焼けて死んだ」赤い星、アンタレス

　図7.1を見てください。さそり座には「アンタレス」という星があります。Lesson 1 では、「蠍が焼けて死んだ」赤い星がアンタレスと紹介しました。このアンタレスを実際に見てみると、本当に赤っぽい色[*1]をしています。このように、星空には「赤い星」がいくつかあります。

　さそり座は夏によく見えますが、冬によく見える星座、オリオン座にも赤い星があります。図7.1のオリオン座の左上の「ベテルギウス」という明るい星は、赤っぽく輝いています。

　口絵にもあるように、南半球でよく見える南十字星でも、十字のてっぺんの星は赤っぽい星です。

青白い星ばかりのオリオン座

　もう一度、図7.1のオリオン座をよく見てください。オリオン座の右下には、「リゲル」という明るい星があります。この星は青白く輝いています。さらに、赤い星のベテルギウスを除き、オリオン座の明るい星はみんな、青白く輝いているのです。オリオン座は青白い星ばかりです。

どうして、太陽は白いの？

　さて、星空の話をしてきましたが、今度は私たちの太陽を見てみましょう。太陽もアンタレスやベテルギウスと同じように「星」です。

　この太陽は何色なのでしょう？　朝日や夕日は赤くなっていますが、この理由はLesson3で学びました。昼間の太陽や海辺の太陽を思い出すとわかるように、太陽は白色に見えます。それでは

　　　　　　　どうして、太陽は白いのでしょう？

[*1]　一般に星が赤いという場合は普通の赤ではなく、「赤みがかった」「赤っぽい」という意味である。

図7.2　太陽は白い

　このように、星には赤っぽい星、青白い星、白い星といろいろな色があることがわかりました。それではなぜ、いろいろな色の星があるのでしょう？

7.2 星の色でわかる星の温度 —絶対温度—

星の色と温度

　その答えは「星の温度」にあります。星の色は「星の表面の温度」でだいたい決まるのです。たとえば、星の表面温度が低い星は赤っぽくなります。アンタレスが赤っぽいのは星の表面温度が低いためです。
　表面温度が上がっていくと、今度は太陽のように白になります。さらに温度が上がると、リゲルのように青白くなります。このように、星の色の違いは主に表面温度の違いだったのです[2]。

絶対温度

　さて、それでは星の表面温度は何度くらいなのでしょう？

---

[2] Lesson 3で学んだように、青っぽい光は散乱されやすい等の理由により、星の色は完全には温度で決まるというわけではないが、大まかには「温度」で決まる。ここでは温度以外の要素は省略している。

星の表面温度を考えるために、まず「温度」の単位を紹介します。温度を測るとき、私たちは普通「℃」という単位を使います。「今日の最高気温は30℃」とか「昨日の体温は36℃だった」という具合です。この温度の単位は、「1気圧のもとで水が氷になる温度を0℃、沸騰する温度を100℃」としたものでした。これを「セルシウス」温度といいます。

　しかし、この単位は私たちの生活では身近なものですが、自然科学ではあまり使われません。自然科学では「絶対温度」という温度をよく使います。

　この温度の説明はあとでするので、ここではとりあえず使い方だけを紹介しておきます。絶対温度は絶対温度100Kのように、単位にはK（ケルビン）を使います。そして、私たちが普段よく使う温度の単位℃とは、単純に基準の温度がずれているだけで、

$$-273℃ = 0K \,^{*3}$$

となっています。つまり、いつも使っている温度℃に273を加えた温度が絶対温度Kであると考えておけば大丈夫です。たとえば、0℃は絶対温度でいうと273Kになります。

温度クイズ

27℃は絶対温度で何Kでしょう？

答えは「27+273=300K」です。

太陽の表面温度はだいたい6000K

　それでは、この絶対温度を使って星の色を調べてみましょう。図7.3に、絶対温度と星の色の変化を、いくつかの星の名前とともに示しています。

---

*3　正確には-273.15℃ = 0K。

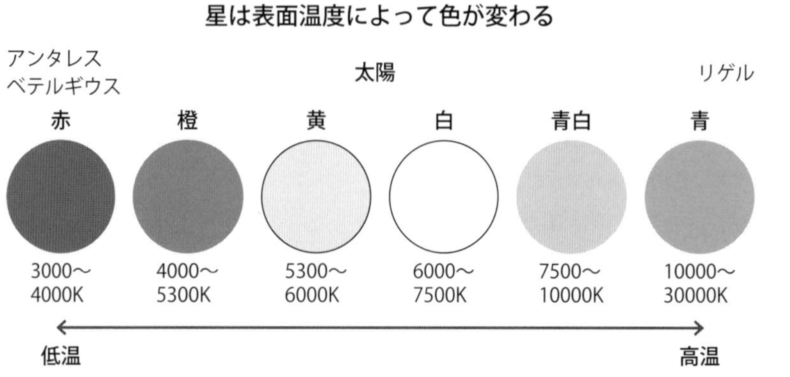

星は表面温度によって色が変わる

アンタレス ベテルギウス		太陽			リゲル
赤	橙	黄	白	青白	青
3000〜4000K	4000〜5300K	5300〜6000K	6000〜7500K	7500〜10000K	10000〜30000K

← 低温　　　　　　　　　　　　　　　　高温 →

粟野諭美、田島由起子、田鍋和仁、乗本祐慈、福江純著
『マルチメディア 宇宙スペクトル博物館＜可視光編＞ 天空からの虹色の便り』裳華房 (2001) より

図 7.3　表面温度と星の色の変化

　温度が高くなるに従って、赤→橙→黄→白→青白→青となります。ただし、どの程度で青白と見なすのか青と見なすのかが資料によって少しずれていたりするので、色と温度の関係はだいたいの目安と考えてください[*4]。

　先ほどのさそり座のアンタレス、オリオン座のベテルギウスは、星の表面温度が3000〜4000Kです。それで赤っぽく見えるわけです。

　一方、私たちの太陽はだいたい6000K (5777K)[*5]です。図7.3を見ると黄と白の境目くらいです。これで太陽が白い大体の理由がわかりました。太陽が白いのは、主に太陽の表面温度が6000Kくらいだからです。

　そして、オリオン座のリゲルなどの星はさらに表面温度が高くなっています(15000K)[*6]。それで青もしくは青白く見えるわけです。

白熱電球はなぜ白い

　ここで、皆さんのなかには「赤は暖かい色だから温度が高く、青は寒い色だから温度が低いのでは？」という疑問を持った方もいるのではないでしょうか。しかし実際は逆で、赤いほうが温度が低く、白、青白になるにつれて温度が高くなる

[*4]　たとえば、10000Kを青白としている文献もあれば、白としている文献もある。
[*5]　『理科年表 平成22年版』丸善株式会社 (2009)
[*6]　米山忠興著『教養のための天文学講義』丸善株式会社 (1998)

のです。そこで、温度が低いと赤っぽく、温度が上がるにつれて白くなることを感覚的に実感するために、身近な例を紹介しましょう。

「温度によって色が変わる」身近な例は、白熱電球です。白熱電球は電気を通すとフィラメントが熱せられて光が出ます。調光器を使って、この白熱電球の電力をゼロからだんだん大きくしてみます。電力が小さい（暗い）ときは、白熱電球のフィラメントが赤っぽく（橙色）なっているはずです。

白熱球は明るくなると赤→白に！

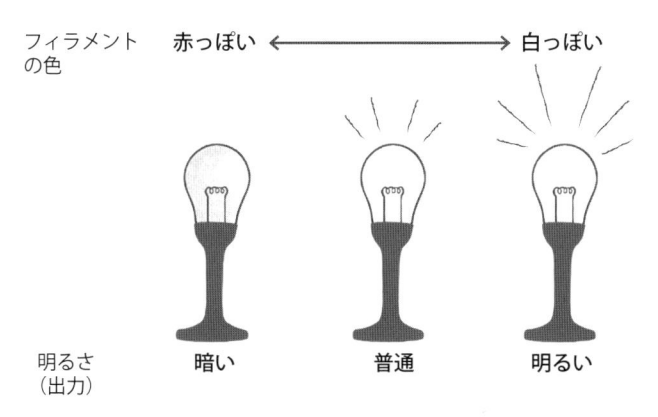

図7.4 白熱球の明るさと色の関係

ところが調光器の出力を上げていくと（明るくしていくと）、白熱電球はだんだん黄色っぽくなります。そして、さらに明るくしていくと白っぽくなります。それではなぜ、調光器の出力を上げていくと赤っぽい色から白っぽい色になるのでしょう？

実は、調光器の出力をだんだん上げていくと、白熱電球のフィラメントの温度が上がってくるのです。つまり、フィラメントの温度が上がるにつれて「赤っぽい色→白っぽい色」となるのです。

どうでしょう？　この例で「温度が低いと赤っぽくなり、温度が上がると白っぽくなる」ということを直感的に理解できましたか？

身近な色温度

このように、物の温度により物の色が変わるのですが、色から定まる温度を色温度といいます[*7]。

この色温度は、私たちの身近な場所でも照明などによく利用されています。

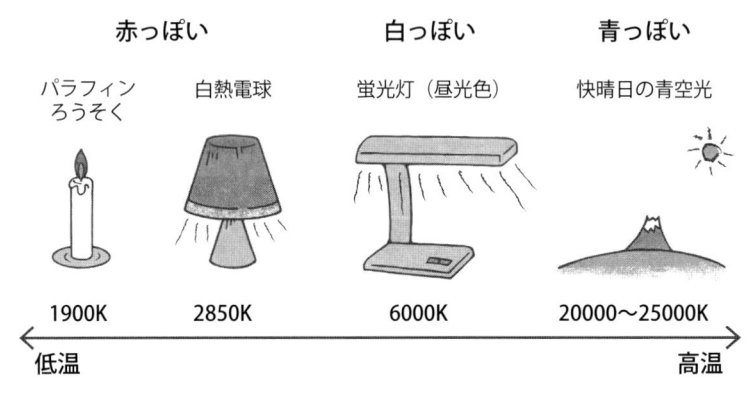

赤っぽい		白っぽい	青っぽい
パラフィンろうそく	白熱電球	蛍光灯（昼光色）	快晴日の青空光
1900K	2850K	6000K	20000〜25000K

低温 ←———————————————————→ 高温

図 7.5　身近な色温度

パラフィンろうそくや石油ランプの光は暖かい感じがします。それは色温度が1900Kと比較的低く、赤っぽいからです。色温度が低いと暖かい印象を受けます。

白熱電球の光も暖かい感じがしますが、色温度は2850Kです。そして色温度を上げていくと白っぽくなり、蛍光灯の昼光色は6000Kくらいです。

さらに色温度を上げていくと青っぽくなってきます。たとえば快晴日の青空光。これはだいたい20000〜25000Kの色温度です（ちなみに太陽そのものの表面温度は約6000Kです。空が青くなる理由はLesson 3で学びました）。

照明および自然の世界の色温度の例を表7.1に載せました。この表に示したように、蛍光灯には色温度をいろいろと変えたものがあります。ホテルの部屋などの暖色系の暖かい感じのする照明は、色温度を低くして赤っぽくしているのです。色温度が高くなるにつれて、「赤っぽい→白→青っぽい」となることを確認しておきましょう。

[*7]　正確な定義を知りたい人は『岩波理化学辞典 第5版』岩波書店（1998）などを参照。

表 7.1　身近な色温度の例

色温度	例
1900K	パラフィンろうそくの光
2850K	白熱電球（一般照明用60W）
3000K	蛍光灯（電球色）
4000K	蛍光灯（白色）
4100K	満月
4400K	日の出の2時間後の太陽
5000K	蛍光灯（昼白色）
6000K	蛍光灯（昼光色）
6000K	大気の澄んだ、快晴日の高原における光
20000〜25000K	快晴日の青空光

太田登著『色彩工学』東京電機大学出版会（1993）および財団法人日本色彩研究所編『色彩科学入門』日本色研事業株式会社（2000）より一部抜粋

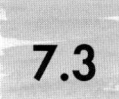

7.3　色温度の正体

温度によって色が変わるということを学びましたが、どうして温度によって色が変わるのでしょうか？

絶対温度と分子運動

温度が変わると色が変わる理由を知るためには、温度のことをもう少し知る必要があります。そもそも「温度」とは何でしょうか？　図7.6の水を例に考えてみましょう。

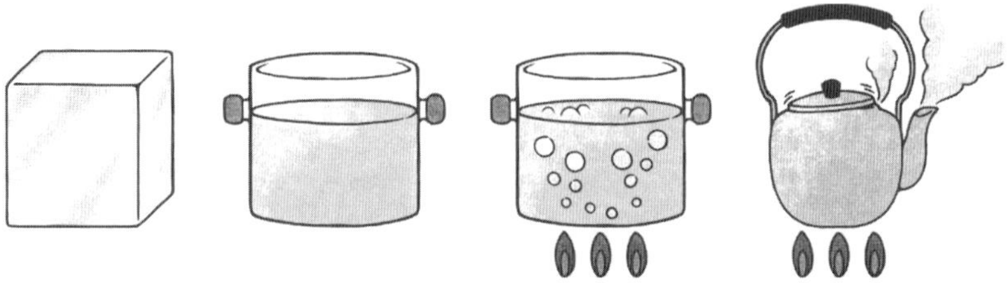

Lesson 7 ★ 星の色は温度で決まる

低温　動きが鈍くなる
高温　動きが活発に

氷　　　　　冷水　　　　お湯　　　　水蒸気

図7.6　温度の直感的なイメージ

　水は温度を下げると、氷になります。このとき、水の動きは鈍そうです。少し温度を上げると氷が解けて水になります。固体ではないので、水はちょっと動きやすそうですね。さらに温度を上げていくと、水がどんどん動きはじめます。さらに温度を上げると水が沸騰し、激しく動いているように見えます。つまり、温度には

- 低温：動きが鈍い
- 高温：動きが活発

というイメージがあります。このイメージはだいたいあっていて、温度が上がると水分子の運動が激しくなります。
　つまり、温度は「分子の運動の様子」を反映しているのです。温度が低ければ分子はゆっくり動き、温度が高ければ分子は激しく動くわけです。そこで、調べやすい気体の場合についてちょっと考えてみましょう。
　図7.7を見てください。矢印の長さは速さを表しています。右の図と左の図、どちらが温度が高くてどちらが低いか、わかりますか？

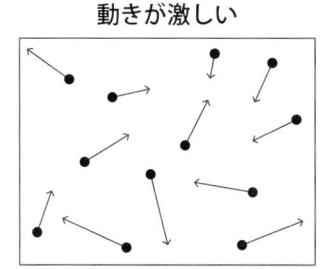

図 7.7　高温と低温の分子運動

そうです。温度が高くなるほど分子は激しく動くので、右が温度が高く、左が温度が低い図です。

図7.7はさらに重要なことを教えてくれます。温度が高い右の図を見てみましょう。温度が高いと、分子はみんな速く動いていると思うかもしれませんが、よく見てみると、ゆっくり動いているもの（矢印の長さが短いもの）もあります。

実は、ある温度のもとでは速く動いているものもあれば、ゆっくり動いているものもあるのです。しかし平均すると、温度が高くなるほど分子は速く動きます。このように、

- ある温度のもとでは速く動くものもあれば、ゆっくり動くものもある
- 平均すると、温度が上がるほど分子は速く動く

ということを図7.7を見て理解しておいてください。

以上のことをグラフにすると、図7.8のようになります。ここでも、「ある温度のもとでは、ゆっくり動くものもあれば速く動くものもある」「温度が高くなると、平均の速さは大きくなる」ということをグラフで確かめておきましょう。

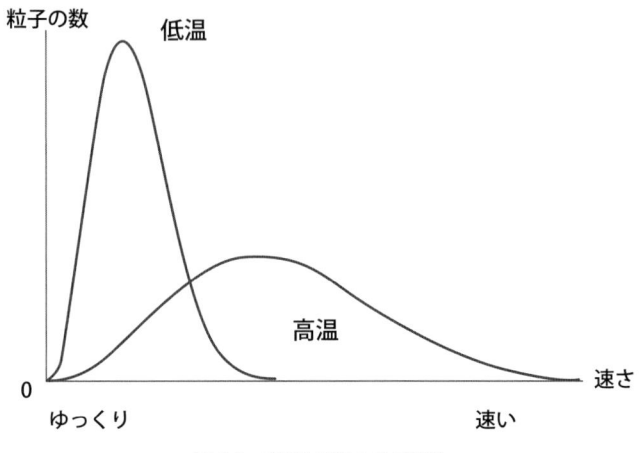

図7.8　高温と低温の分子運動

　このように、温度とは「分子運動の様子」を表すものだったのです[*8]。
　この、温度を分子運動の様子をもとに決めたものが「絶対温度」だったのです。絶対温度では、分子運動の様子を反映するものとして、分子運動のエネルギーの平均値を考えます。分子運動のエネルギーの平均値が小さくなれば平均してゆっくりと動き、分子運動のエネルギーの平均値が大きければ平均して速く動くのです。そして絶対温度では、この分子運動のエネルギーの平均値が温度に比例するのです。

絶対零度の世界

　絶対温度は分子運動のエネルギーの平均値に比例するので、絶対温度が半分になれば分子運動のエネルギーの平均値も半分になります。それでは、絶対温度が0Kの場合（これを「絶対零度」といいます）の分子運動はどうなるのでしょう？
　単純に考えると、温度がゼロなので分子運動のエネルギーの平均値もゼロになります。つまり、分子運動は止まり、静止してしまいます。すべての分子運動が静止した、静寂の世界なのです[*9]。

[*8] 実は分子以外の粒子でもかまわない。たとえば光子とか電子などとしてもよい。ここは「気体」の場合の議論である。
[*9] 実際には、Lesson 11で出てくる「量子論」（不確定性原理）の影響を考慮しなくてはならず、決して静止することはない。

温度によって色が変わるわけ

それでは「温度によって色が変わる」理由を説明しましょう。

まず、温度が上がると分子や原子の運動は激しくなります。分子や原子のなかにある電子などの電気を持った粒子が振動すると光が生まれます。

その結果、大まかには、温度が高くなると振動が激しくなり、平均してエネルギーの大きい光がたくさん生まれ、温度が低くなると振動がおだやかになり、平均してエネルギーの小さい光がたくさん生まれます。つまり、温度に応じた光が生まれてくるのです[*10]。

Lesson 6で出てきたように、光のエネルギーは波長が短くなると大きくなります。具体的には

電波　赤外線　赤　橙　黄　緑　青　藍　紫

の順番でエネルギーが大きくなります。そこで温度が高くなるにつれて、電波→赤外線→赤→橙→黄→緑→青→藍→紫の光が生まれるのです。

ただし、これはあくまで「平均」で図7.8のように広がりを持っています。これは、光の場合でいうと、ある温度のとき、大きなエネルギーの光もあれば、小さなエネルギーの光もあるということになります。これが、単なる赤、青でなく「赤っぽく」なったり、「青っぽく」なる理由です。

次に具体的な温度を与えたとき、どのような光がピークとなるかを表7.2に示しました。

表7.2　温度とピークの波長

温度	ピークの波長	備考
3K	1mm	電波
300K (27℃)	10^{-5}m	赤外線
6000K	5×10^{-7}m	可視光（3.8×10^{-6}m〜7.8×10^{-6}m）
30000K	10^{-7}m	紫外線

[*10] この説明はかなり簡略化している。Lesson 10、Lesson 11に出てくる「量子論」を使わないと、きちんとした説明はできない。ここでは、直感的に理解してもらうことを目的としている。

表7.2からわかるように、3Kくらいの温度ではエネルギーの小さな電波が出ています。人間は300Kくらい（体温37℃であれば310K）なので、私たちも赤外線を出しているのです。そして、6000Kくらいでは可視光を出し、30000Kくらいではエネルギーの大きい紫外線をたくさん出すのです。

太陽が白いわけ

これで、太陽が白い理由を詳しく紹介できるようになりました。

太陽は表面温度が6000Kくらいです。図7.9は、太陽光が6000Kに対応する光を出していると仮定したときの[*11]波長ごとの光の強さを示しています[*12]。

太陽からくるいろいろな光

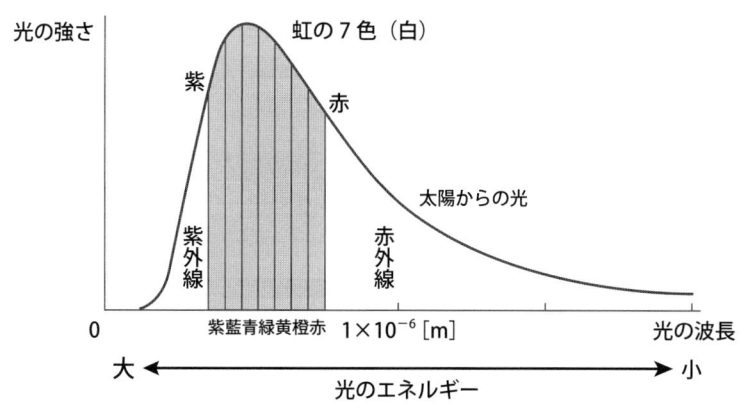

図7.9 6000K（太陽の表面温度とほぼ同じ）の光の分布

図7.9をよく見てみましょう。すると、このときの光の分布はちょうど虹の7色をバランスよく含んでいることがわかります。Lesson 3で学んだように、虹の7色を合わせると白になるのでした。これが「太陽の光が白い」主な理由です。

太陽が白い主な理由。それは太陽の表面温度が6000Kくらいだからなのです。

[*11] 120ページの*2を参照のこと。
[*12] 色の名前は大まかなもので、正確な波長とは対応していない。たとえば実際のピークの色は緑である。

7.3　色温度の正体

赤い星と青白い星があるわけ

　さて、もうアンタレスやベテルギウスのように温度が低い星が赤っぽくなる理由はわかりますね。図7.10の左に、3500Kの光の分布を示しています。エネルギーの小さな光、すなわち赤い光が多くなっています。このため、赤味がかかってくるのです。

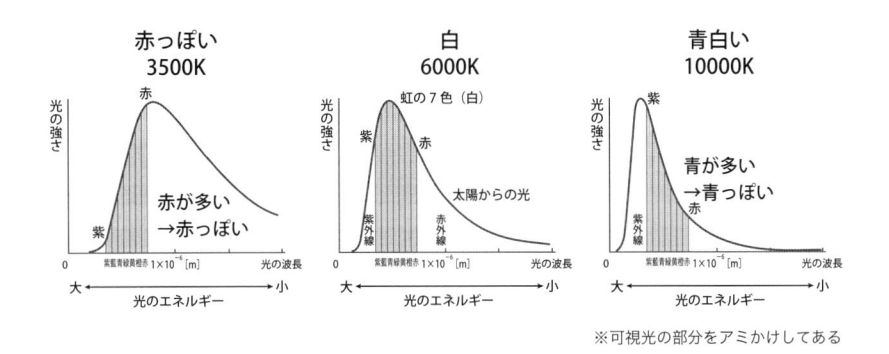

図7.10　星の色が温度で変わる

　一方、温度が高くなるとエネルギーの大きな光、すなわち紫や青い光が増え、Lesson3で説明したように人間は紫より青がよく見えるので、青みがかってきます。図7.10の右には10000Kのときの光の分布を示していますが、エネルギーの大きい青い光が多くなっていることがわかります。このため、青白く見えるのです。

7.4 宇宙の温度は何度？

宇宙を満たすビッグバンの名残の光、数ミリメートルの光

　Lesson 4で、私たちの宇宙はビッグバンという火の玉宇宙の大爆発ではじまったことを紹介しました。この火の玉宇宙は時間がたつとともにだんだん冷えていきます。火の玉宇宙ではじまった私たちの宇宙は何度になっているのでしょう？

　ビッグバン理論を提唱したガモフは、ビッグバン直後[*13]に出た高温の光が今や数K～数十Kになっていると主張しました。

　数K～数十Kはものすごく低い温度なので、光のエネルギーはものすごく小さくなります。数Kに対応する光は電波の領域です。1965年、アメリカのアーノ・ペンジアスとロバート・ウィルソンは、電波望遠鏡のノイズ測定を行っていたところ、ある原因不明の電波ノイズがあることに気がつきました。この電波ノイズは不思議なことに、あらゆる方向からやってくるのです。このことは、宇宙にはある特定の電波が満ちていることを示唆しています。

　普通の人であれば単なるノイズと片づけてしまいそうですが、彼らは注意深くノイズを調べました。そして、その電波がなんと約3Kの温度に対応する光であることを突き止めました。これは、ビッグバン理論が正しいことを強く示唆しています。この業績で彼らはノーベル物理学賞を受賞しました。現在、この値は2.7K[*14]とされています。

大宇宙には、約138億年前のビッグバン大爆発直後の光が、
2.7Kの光となって満ちあふれている

のです。

[*13] ビッグバンの約38万年後。
[*14] 2.725 ± 0.002K

宇宙はビッグバン直後の光で満ちている

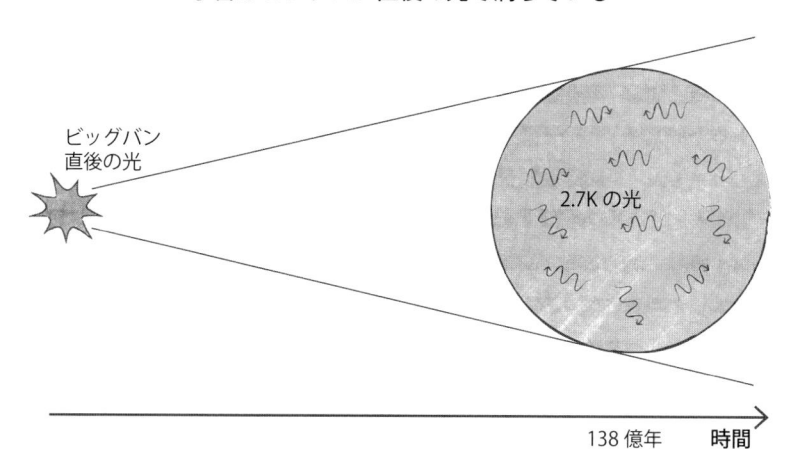

図 7.11　2.7K の光で満ちた現在の宇宙

2.7K の光は、だいたい数 mm の波長の光です。私たちの宇宙には、約138億年前のビッグバンの名残の数 mm の光があふれているのです。

column アナログテレビで見るビッグバンの名残

　約138億年前のビッグバンの光からなる電波ノイズを、なんと私たちも見ることができます。

　それはかつてのアナログテレビ（特に衛星放送）です。テレビは電波を使います。アナログテレビを持っている方は、テレビ局からの映像が映っていないチャンネルをつけてみてください。すると、ノイズの画面と音が流れます。このノイズの画面は、宇宙を満たす2.7Kの光（電波）を少しですが含んでいるのです。つまり、アナログテレビのノイズの画面を見ることは、ビッグバンの名残も一緒に見ていることになるのです。

**アナログテレビのノイズ画面には
ビッグバンの名残が隠されている**

図 7.12　アナログテレビで見るビッグバンの名残

　しかし、今や地上波デジタル放送が主流です。残念ながら、地デジで見られる画像には電波ノイズは基本的にゼロなので、ビッグバンの名残を見ることはできません。アナログテレビでこそ見られるビッグバンの名残。アナログが恋しくなってきますね。

Lesson 8

時間は人によって違うの？

―ひっぱりだこの相対論―

フシギ度
★★★★★

ロマンチック度
★★★★

もしも「タイムマシン」があったら……

そんなことを考えたことはないでしょうか？
アインシュタインの相対論は、タイムマシンなど
時間を操るSFのもとになっています。
今回は、そんなSFチックな相対論をちょっとのぞいてみましょう。

Lesson 8 ★ 時間は人によって違うの？

8.1 SFでひっぱりだこの相対論

SFの世界のタイムトラベル

　SFの世界には「タイムトラベル」がしばしば出てきます。有名な作品の1つに、『時をかける少女』[*1]があります。時をかける少女、和子が主に学園を舞台に繰り広げる物語。この物語は、何度も映像化されたり、その主題歌がヒットしたりと大人気になりました。

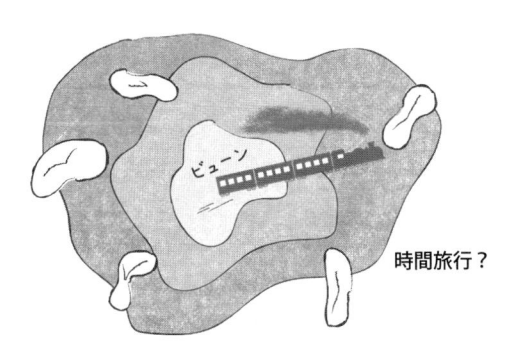

図8.1　SF作品と相対論

　「時をかける」とは、タイムトラベル（時間旅行）をすることです。もしタイムトラベルができれば、時間を過去や未来へと旅行できるのです。それでは本当にタイムトラベルはできるのでしょうか？

科学者が考えたタイムトラベル

　タイムトラベルには、あのアインシュタインの相対論が深くかかわっています。
　有名な例としては、1988年にカリフォルニア工科大学のキップ・ソーン博士が、相対論を調べて、「ワームホール」を使ったタイムトラベル理論を発表した例があります。

[*1] 筒井康隆著『時をかける少女〈新装版〉』角川文庫（2006）

でも、タイムトラベルで簡単に過去に行けるとすると、歴史を変えてしまう人が出てきそうです。「ドラえもん」の世界では「タイムパトロール隊」がいて、そういう時空犯罪を取り締まっているそうです[*2]。

しかし、タイムトラベル理論は必ずしも科学者に受け入れられているわけではありません。たとえばホーキングは「時間順序保護仮説」を提唱し、ソーン博士の提唱したワームホールによるタイムトラベル理論に否定的な主張をしています。

時間は人によって異なるの？

そういった難しい話はここまでにして、今回は教科書的な相対論の紹介をすることにしましょう。

教科書的な内容でも、相対論の内容は驚くことばかりです。たとえば、「時間が人によって異なる」、つまり「私たちは同じ時を共有できない」というちょっぴり残念な結果が出てきます。また、他人よりも年をとりたくない人にはぴったりの「他人よりもゆっくり時間を過ごす方法」なんていう方法も紹介します。

時間はかつて、誰にとっても同じ、絶対的なものでした。でも、相対論では同じ世界にいるのに、時間や空間が相対的に変わってくるのです。このフシギチックな相対論をこれから紹介していきましょう。

8.2 私たちはいつも「過去」を見ている

私たちは過去の太陽を見ている

私たちは感覚的に、時間は絶対的なものととらえがちです。特に、自分が今、見ている風景は現在のものと考えがちです。そこで、時間に対する考えをちょっと柔軟にするため、こんな例を考えてみましょう。

まず、昼間に見える太陽を考えてみましょう。太陽は地球から約1500億m離れ

[*2]「映画ドラえもん のび太の恐竜」(DVD) 藤子・F・不二雄原作、ポニーキャニオン (2001)

ています。Lesson 4で学んだように、光速cは3.0×10^8m/秒でした。これは秒速3億mになります。このため、太陽からの光が地球に届くには、「速さ×時間＝距離」の公式を使うと

$$時間 = \frac{距離}{速さ} = \frac{1500億\mathrm{m}}{秒速3億\mathrm{m}} = 500秒$$

となり、約500秒（8分20秒）かかります。すると、今見ている太陽は、現在の太陽ではなく、約8分20秒前の太陽なのです。私たちは過去の太陽を見ていることになります。

星空は過去へのタイムマシン

今度は星空を見てみましょう。星空にはいろいろな星があります。これらは非常に遠い距離にあり、星から地球まで光が届くのにものすごく時間がかかるのです。図8.2に、冬の代表的な星座と、いくつかの天体について地球に光が届くまでの時間を示しています。

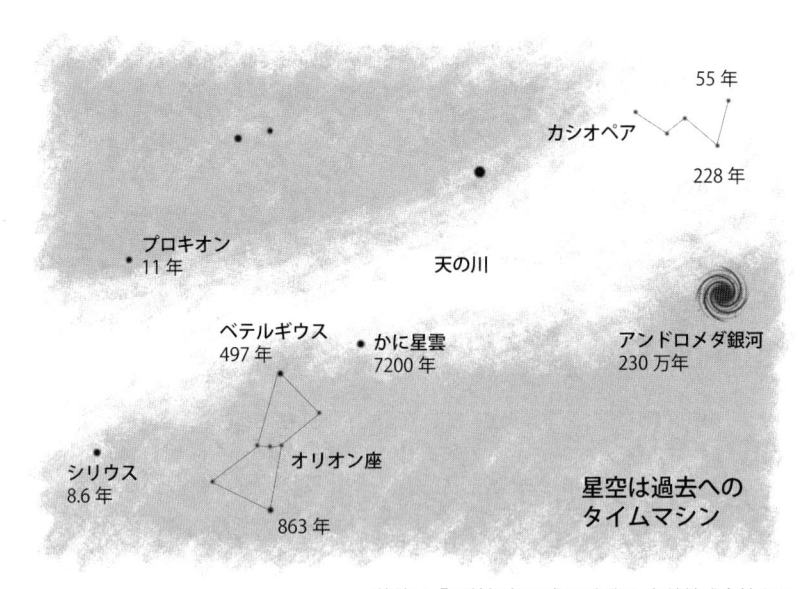

カシオペア 55年 / 228年
プロキオン 11年
天の川
ベテルギウス 497年
かに星雲 7200年
アンドロメダ銀河 230万年
シリウス 8.6年
オリオン座 863年

星空は過去へのタイムマシン

数値は『理科年表 平成22年版』丸善株式会社より

図8.2　星空は過去を映し出すタイムマシン

たとえば、オリオン座のベテルギウスは地球に光が届くのに497年、つまり約500年。アンドロメダ銀河はなんと230万年かかります。今、私たちは約500年前のベテルギウス、230万年前のアンドロメダ銀河を見ているのです。冬の星空の明るいシリウスは8.6年前、かに星雲は7200年前の姿を見ていることになります。このように、星空は今の星の姿を映しているのではなく、過去の星の光を映し出す「タイムマシン」なのです。

私たちは同じ「時」を共有できない

次に、もっと身近な例を見てみましょう。図8.3のように、学校の教室で、自分と、自分の斜め前に3m離れて友だちが座っているとします。2人とも黒板を見ているわけですが、このとき、2人は同じ授業を見ているわけではありません。光は3mを1億分の1秒かかって進むので[*3]、斜め前の友だちとは1億分の1秒ほど違う「時」を経験しているわけなのです。わずか1億分の1秒ですが、たった3m離れるだけで、完全には同じ「時」を共有できないのです。

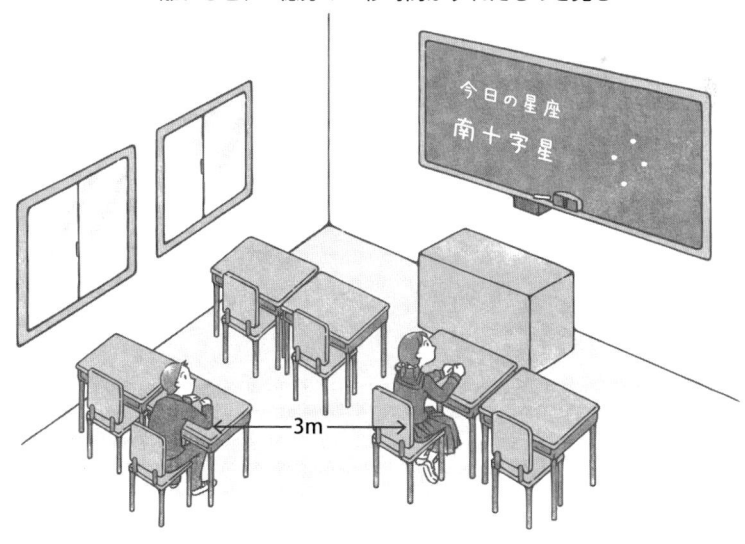

3m離れると、1億分の1秒時間がずれたものを見る

図8.3 私たちは同じ「時」を共有できない

---

*3 時間 = $\dfrac{距離}{速さ}$ = $\dfrac{3\text{m}}{秒速3億\text{m}}$ = $\dfrac{1}{1億}$ 秒 = 1億分の1秒

8.3 光速は変わらない

光速は誰から見ても同じ

さて、時間に対する見方が変わってきたのではないでしょうか？ 1905年にアインシュタインは特殊相対論を発表しました。この理論は私たちの時間と空間に対する見方を大きく変えました。しかし、その理論の仮定はものすごく簡単なものです。その仮定とは、

光速は誰から見ても同じ

というものです[*4]。ちなみに光速 $c = 3.0 \times 10^8$ m/秒は、正確には $c = 2.99792458 \times 10^8$ m/秒となります。すごい速さですね。

光に追いつくことはできるの？

「光速は誰から見ても同じ」といわれてもピンとこないかもしれません。しかし、これはとてもすごい光の性質なのです。「光速は誰から見ても同じ」ということがどれだけすごいかを知るために、次のようなクイズを考えてみましょう。

> **光クイズ**
>
> 光を光速で追いかけたら光は止まるの？ 光を追い越すことはできるの？

皆さんはどう思いますか？

[*4] 実は、これに加えて特殊相対性原理といったものもあるが、ここでは省略する。また、光速は真空中の速度である。

汽車1から見て、光に追いつくことはできるの？

汽車2　速度 v

光線

ピューン

汽車1　速度 v

汽車1　ほぼ光速

汽車2は止まって見える

光はほぼ止まって見える？
それとも？

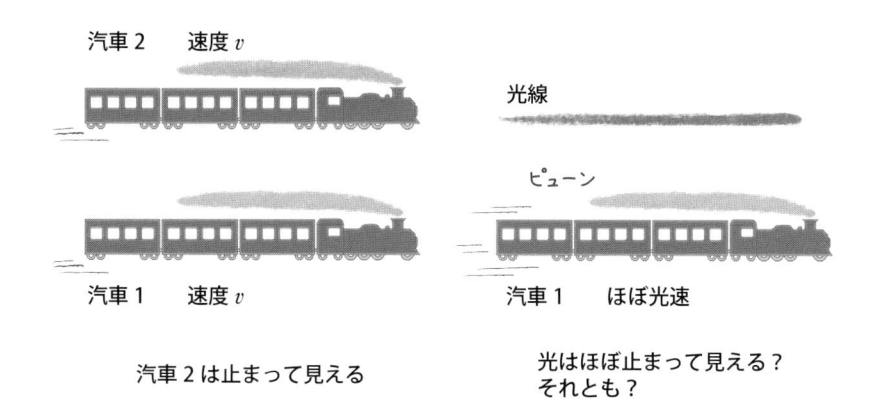

図8.4　光に追いつけるのか？

　図8.4の左を見てください。私たちの世界では、速く動いている汽車も、同じスピードで追いかければ止まって見えます。たとえば、汽車1と汽車2が同じ速さなら、汽車1から見て汽車2は止まって見えるのです。もしも汽車1が速度を上げれば、汽車2を追い越すこともできます。

　これだけ見ると、光も追いつき、追い越せると思うかもしれません。ところが、光の場合、「光速は誰から見ても同じ（秒速3億m）」なのです。だから、不思議なことに図8.4の右では、汽車1が光に近い速度で光を追いかけたとしても、光はゆっくりには見えず、光は光速 $c = 3.0 \times 10^8$ m/秒で進んでいくのです。光に追いつくことはできないのです。クイズの答えは「光は止まらないし、追い越すこともできない」となります。

　どうですか？　「光速が誰から見ても同じ」ということがいかにすごいかが納得できたのではないでしょうか。

　でも、考えてみればこちらのほうが納得しやすい結果なのです。たとえば、止まっている光とかゆっくり動く光なんて見たことがありません。光は誰が見ても同じ速さといったほうが当たり前なのです。

　さて、「光速は誰から見ても同じ」という光の性質、この性質を使うと時間が人によって変わったり、時間がゆっくり進むことが簡単に理解できます。というわけで、ぜひ納得してくださいね。

Lesson 8 ★ 時間は人によって違うの？

8.4 私たちは同じ時を共有できない

宇宙を旅する列車

　それでは、この「光速は誰から見ても同じ」ということを使って、「同じ時間を共有できない（人によって時間が違う）」というあっと驚く例を紹介しましょう。

　今、図8.5のように、宇宙を非常に速いスピードで列車が右側へ走っているとします。

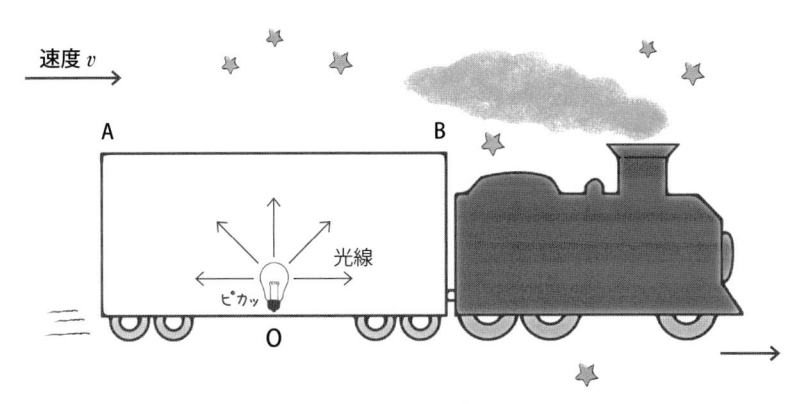

図 8.5　光は列車の先頭と後尾、どちらに早く届く？

　さて、列車の中央に電球があります。電球をつけると、光が出て、しばらくすると列車の両端A、Bに到着します。電球をつけたとき、光は左端Aと右端Bのどちらに先に到着するでしょう？

1. 光はAとBに同時に到着する。
2. 列車は右に動いているので、光は左端Aに先に到着し、そのあと右端Bに到着する。
3. 光は右端Bに先に到着し、そのあと左端Aに到着する。

列車はすごいスピードで右へ進んでいるので、「2」が正解と思うかもしれません。その一方で、列車のなかから見ると動いていることはわからないので、「1」が正解とも思う人もいるでしょう。いったい、どちらが正解なのでしょう？ ここでも手掛かりは「光速は誰から見ても同じ」になります。

■ 列車のなかから見ると
まず、列車のなかから見てみましょう。

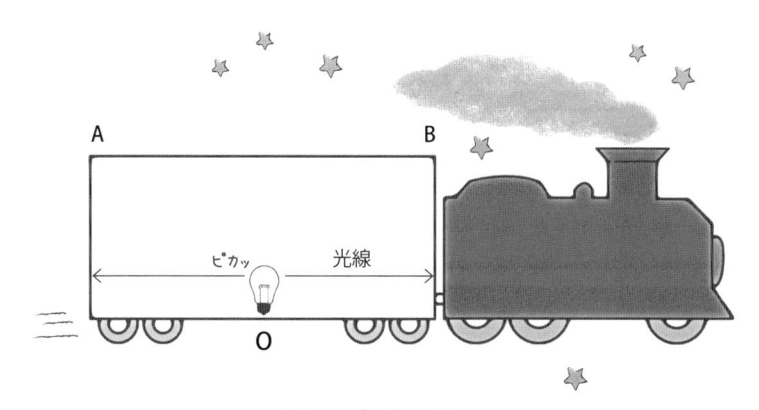

図 8.6 列車のなかから見ると

このとき、AとBのまんなかに電球があるので、列車のなかの人には普通に「AとBに同時に光が到着する」となります。正解は「1」です。

■ 列車の外から見ると
今度は列車の外から見てみましょう。

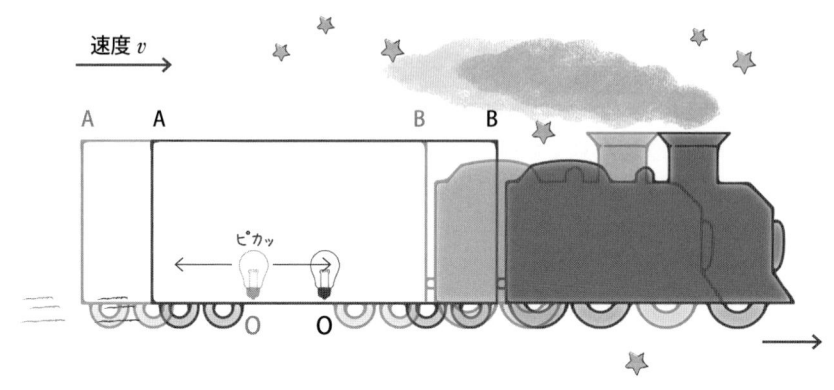

図 8.7　列車の外から見ると

　列車の外の人から見ると、電球が光を出してから両端A、Bに到着する前に列車は右に動いてしまいます。そのため、「左端Aに先に光が到着し、そのあと右端Bに光が到着する」となります。正解は「2」です。

同じ時は人によって変わる

　以上をまとめると、

- 列車内：AとBに同時に光が到着する
- 列車外：Aに先に光が到着し、そのあとBに光が到着する

となります。皆さんは「あれ？」と思いませんでしたか？　列車のなかから見た場合と、列車の外から見た場合とでは結果が変わってしまうからです。でも、私たちは「光速は誰から見ても同じ」ということを受け入れることにしました。すると、この結果を覆すことはできなさそうです。そのため、この結果を受け入れるしかないのです。
　これは非常におもしろい結果です。まず、

1. 光がAに到達する
2. 光がBに到達する

としたとき、

- 列車内：1と2が同時に起こる
- 列車外：1と2が違う時刻に起こる

となります。つまり、列車のなかで同時に起こることが、別の人（列車の外）から見ると違う時刻に起こるように見えるわけです。このように、人によって「同じ時」というものは変わってくるのです。同じ時を共有できないのです。「私たちは同じ時、同じ出来事を見ている」と思ったら大間違いだったのです。人によっては「違う時の出来事」かもしれないのです。これって、とてもフシギチックな結果だと思いませんか（残念な意味でですが）？

ここでの話をもっと理解したい人のために、Lesson 9の最後に「（参考）時空図はSFチック」を載せています。ちょっと難しい内容ですが、高校の数学が得意な人は見てみましょう。

8.5 時の流れを変える方法

さて、時間が人によって変わるのであれば、SFの世界に出てくるワープとかタイムマシンとかも簡単にできるのでしょうか？

もちろんそんなことは簡単ではありませんが、ここでは「時の流れ」を変えてみましょう。友だちよりも年をとらない方法を紹介します。

光の道筋の長さで時間を計ろう

前節で、見る人によって時間が変わる（同時が変わる）ことがわかりました。もはや時間は絶対的なものではなくなってしまったのです。それでは、見る人ごとに変わってしまう時間をどうすれば知ることができるのでしょうか？

相対論では「光速は誰から見ても同じ（3億m/秒）」です。そこで、変わらない光速を基準にしてみましょう。ここで、小学校で習う有名な公式、

$$距離 = 速さ \times 時間$$

を思い出してください。実は、これを使うと時間が計れるのです。ちょっと実際に確認してみましょう。

たとえば図8.8の「ア」と「イ」では、光が1秒と2秒で進んだ光の道筋の長さ（距離）が書かれています。その長さは1秒の場合より、2秒のほうが2倍長くなっています。そうすると、絵を見ただけで、「イ」のほうが「ア」より（2倍くらい）時間がかかっているということがわかるのです。

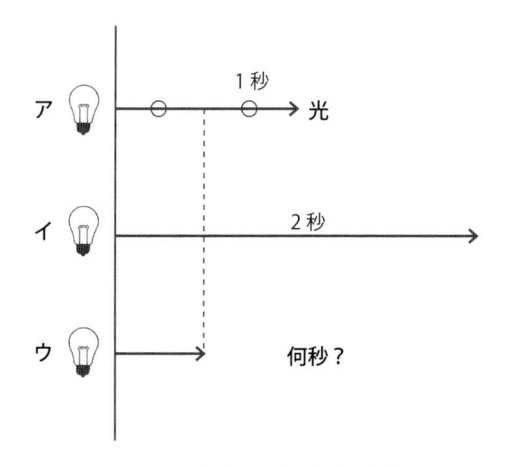

図8.8　光の道筋の長さから時間を計る

光の道筋の長さで時間を計る方法に慣れるために、今度は「ウ」を考えてみましょう。「ウ」は何秒くらいだと思いますか？

「ア」の1秒の場合のだいたい半分進んでいるので、約0.5秒とわかります。このように、光の道筋の長さから時間がわかるのです。

それでは、次の問題です。図8.9では光が電球を出て、鏡で反射している様子を表しています。それでは図8.9の「ア」と「イ」のケース、いったいどっちが時間がかかっているでしょう？

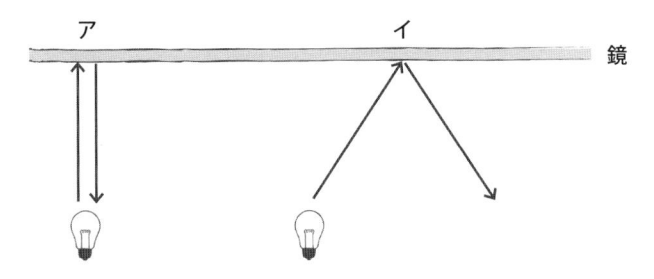

図8.9 どっちが時間がかかる？

「イ」のほうが光の道筋の長さが長いので、「イ」のほうが時間がかかります。どうでしょう？ 「光の道筋の長さからかかった時間を知る方法」、慣れてきましたか？ この問題の結果が「友だちより年をとらない方法」に直結します。ぜひ理解して覚えておきましょう。

友だちより年をとらない方法

高速な列車に乗れば友だちより年をとらない

それでは、「友だちより年をとらない方法」を説明しましょう。今、読者の皆さんは高速で動く列車のなかにいるとします。列車のなかには電球があり、天井は鏡でできていて光をよく反射するとします。友だちはみな、列車の外にいます。このとき、自分（列車内）と友だち（列車外）の時間の進み方を調べてみましょう。そのために、列車内と列車外でそれぞれ

　　　　　　　光が電球を出て天井で反射して電球に戻ってくるまでの時間

を計って比較してみます。計り方には、先ほど紹介した「光の道筋の長さ」を利用します。

■ 列車のなかから見ると

列車のなかでは単に光が上に行って戻ってくるだけなので、戻ってくる光の道筋は図8.10のようになります。

Lesson 8 ★ 時間は人によって違うの？

速度 v

l

O

図 8.10　列車のなかから見ると

■ 列車の外から見ると

　列車の外から見ると、光が出たあとに列車は右へ動いてしまうので、戻ってくる光の道筋は図8.11のようになります。

速度 v

O

図 8.11　列車の外から見ると

　明らかに、列車のなかから見たときよりも、列車の外から見たときの光の道筋の長さのほうが、斜めになっている分だけ長くなっています。つまり、「列車のなかよりも列車の外のほうが時間がかかっている」ことを示しています。

　これを逆にすると、「列車のなかでは列車の外よりも時間がたっていない」ということになるのです。

　このように、高速で動いている列車に乗れば、時間はゆっくり進み、友だちより

年をとらなくて済むのです[*5]。

（参考）時間の遅れを計算しよう

それでは具体的に光の道筋の長さを計算して、どれくらい時間が遅れるかを調べてみましょう。ただし、ここでは数式がたくさん出てくるので、苦手な人は読み飛ばしてもかまいません。

図8.11をきちんと描いたものが図8.12です。電球から天井までの高さをl、列車の速さをvとします。そして、光が電球を出て天井で反射して電球に戻ってくるまでの時間を列車のなか、列車の外の場合でそれぞれ$t_{中}$、$t_{外}$とします。

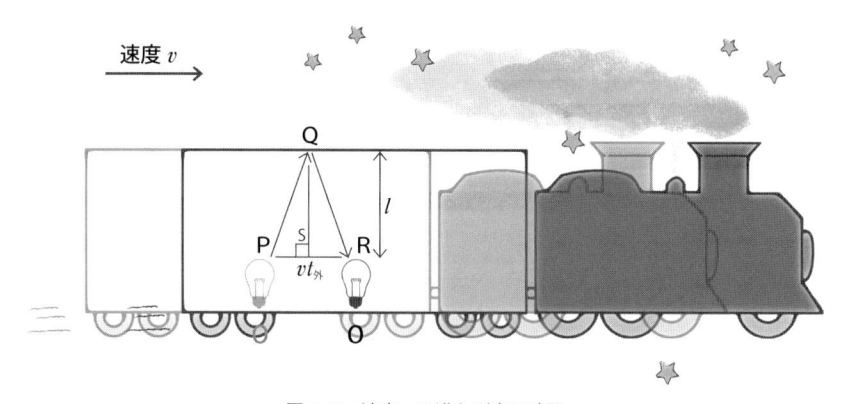

図8.12　速度vで進む列車の時間

まず列車の外から見てみましょう。すると、三角形PQRのPRは、速さvの列車が$t_{外}$で動く距離なのでPR＝$vt_{外}$になります。

さて、光の道筋の長さはPQ＋QRです。この長さは、図8.12より、三角形PQS

[*5] ただし、この話をきちんと理解するためには時空図による説明が必要なのだが、大まかにはこれで理解できるはず。

に三平方の定理を用いて $PQ+QR = 2\sqrt{(\frac{vt_{外}}{2})^2+l^2}$ となります[*6]。

この長さ $PQ+QR$ が光の道筋の長さ「光速(c)×時間($t_{外}$)＝$ct_{外}$」なので、

$$ct_{外} = 2\sqrt{(\frac{vt_{外}}{2})^2+l^2} \tag{8.1}$$

となります。両辺を2乗して整理していくと、

$$c^2 t_{外}^2 = v^2 t_{外}^2 + 4l^2$$
$$(c^2 - v^2)t_{外}^2 = 4l^2$$
$$c^2(1-(\frac{v}{c})^2)t_{外}^2 = 4l^2 \tag{8.2}$$

となります。両辺のルートをとって $t_{外}$ を求めると、

$$t_{外} = \frac{2l}{c\sqrt{1-(\frac{v}{c})^2}} \tag{8.3}$$

となります。

次に、列車のなかから見てみます。図8.10を見ると明らかなように、光の道筋の長さ＝$2l$＝光速×$t_{中}$＝$ct_{中}$なので、$t_{中} = \frac{2l}{c}$ となり、式（8.3）に代入にすると、

$$t_{外} = \frac{t_{中}}{\sqrt{1-(\frac{v}{c})^2}} \tag{8.4}$$

となります。

最後に分母をはらうと、

$$t_{中} = \sqrt{1-(\frac{v}{c})^2}\, t_{外}$$
（列車のなかの時間＝$\sqrt{1-(\frac{v}{c})^2}$×列車の外の時間）

となります。これで、列車の外と列車のなかの時間の関係を表す式が求められました。$t_{中}=t_{外}$ ではありません。これが時間の遅れを表す式なのです。なんと中学

[*6] 図8.12のように三角形PQRを半分にした直角三角形PQSを考える。
$QS=l$, $PS=\frac{vt_{外}}{2}$ ゆえ、$PQ+QR=2PQ=2\sqrt{(\frac{vt_{外}}{2})^2+l^2}$ となる。

校の数学だけで導かれました！[*7]

それでは、この式を使って具体的に時間の遅れを計算してみましょう。光速cの0.8倍の速度で進む列車の場合（$v=0.8c$）を考えてみます。このとき、$0.8^2=0.64$なので、$t_中=\sqrt{1-0.64}\,t_外=\sqrt{0.36}\,t_外=0.6t_外$となり、列車の外では10年たっても列車のなかは6年しかたっていないことになります。

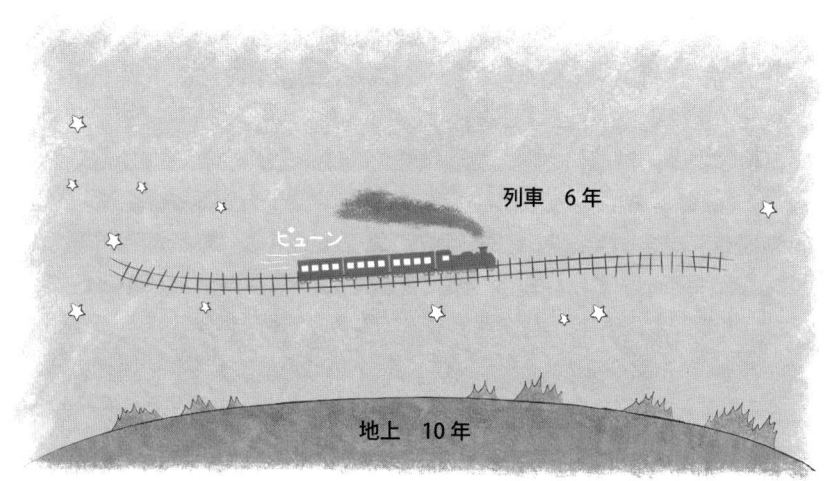

光速の0.8倍で進む列車に乗ると……

図8.13　光速の0.8倍で進む列車と時間

ただし、日常の世界では速度vは光速cよりずっと小さく、$(\frac{v}{c})^2 \approx 0$となるので（≈は「だいたい」「およそ」という意味）、$t_中=\sqrt{1-(\frac{v}{c})^2}\,t_外 \approx \sqrt{1-0}\,t_外 = t_外$、つまり$t_中=t_外$となります。新幹線程度だと外でもなかでも時間の進み方はほとんど同じです。つまり、日常生活では時間はだいたい同じということになるのです。

[*7] 筆者も中学校で三平方の定理を学んだ頃、この証明を読んでフシギチックな式が簡単に導かれたことにものすごく感動した。

Lesson 9

不本意なエネルギーと質量

―相対論の代名詞、$E=mc^2$―

フシギ度　　　　ロマンチック度
★★★★★　　　　★★★

$E=mc^2$

この方程式は相対論の代名詞ともいわれる有名な式です。
この式は相対論についていろいろなことを教えてくれる一方、
原爆製造のきっかけの1つになってしまったともいわれています。
今回は、$E=mc^2$を通じて相対論を学んでいきます。

9.1 原爆に利用された相対論とアインシュタインの苦悩

マンハッタン計画と原子爆弾

　現在、原子爆弾は人類にとって大きな脅威の1つとなっています。この原子爆弾は科学が作り出した恐ろしいものの代表例です。

　原子爆弾は、1941年12月にはじまったアメリカの「マンハッタン計画」によって作られました。マンハッタンは、アメリカのニューヨークの中心部にある島の名前です。そして「マンハッタン計画」とは、アメリカの原子爆弾製造計画の暗号名です。

　その「マンハッタン計画」開始のきっかけの1つが、アインシュタインの名前で当時のアメリカ大統領F. ルーズベルトに送られた、原爆製造を求める書簡でした。ナチス・ドイツが原爆を開発する前に、アメリカが開発しようとしたのです。

　結果的にナチス・ドイツは原爆開発に成功しませんでしたが、アメリカが開発した原爆は広島と長崎に投下されました。アインシュタインは「無限なものは2つある。宇宙と人間の愚かさ」といったといわれています。

質量とエネルギーは同じ

　たった1発の爆弾で都市を壊滅させる原子爆弾。なぜ、こんなにも原子爆弾にはエネルギーがあるのでしょう？

　その答えは特殊相対論にあります。特殊相対論で最も有名な式は、

$$E = mc^2$$

です。Eはエネルギー、mは質量、cは光速です。この式はものすごく単純な方程式に見えます。一見すると、高校の数学で学ぶ二次関数や三角関数の公式などよりもずっと単純な方程式です。

　しかしながら、この単純な方程式はすごい内容を持っています。まず、方程式のなかの「光速c」はLesson 8で学んだように誰から見ても同じなので、単に計算

するときに出てくるだけで、あまり重要ではありません。そこで、$E=mc^2$のcを省略した式を書いてみましょう。すると、この方程式は、

$$E = m$$

となります。これは「エネルギーと質量は同じ（等価）」ということを表しています。

ここで、？？？と思う人もいるのではないでしょうか。質量とは、たとえば1kgのボールとか、1kgの本とか、日常的には「物の重さ」と関連しています。一方、エネルギーといえば、熱のエネルギーとか、電気のエネルギーなど、質量とはまったく別のものという印象を受けます。

このエネルギーと質量が同じとはどういう意味なのでしょうか？

1kgの質量がエネルギーになったら？

エネルギーと質量が同じということは、実は、

$$\text{質量がエネルギーになる}$$

ということです[*1]。たとえば、質量が少し軽くなって、軽くなった分がエネルギーに変わるといったことが起こるのです。あとで具体的に紹介しますが、実は原子爆弾は、質量が少し軽くなって、それが爆発のエネルギーになるのです。

それでは、1kgの質量がエネルギーになったら、どれくらいのエネルギーになるのでしょう？　$E=mc^2$に当てはめると、そのエネルギーを計算できます。ちょっと計算してみましょう。光速$c=$秒速3億m、$m=1$kgを$E=mc^2$に代入すると、

$$E = mc^2 = 1 \times 3億 \times 3億 = 9京 \text{ J}$$

となります。ここで「1京」とは1兆の1万倍の数（10^{16}）です。「1kgのエネルギーは9京J」ということがわかります。

ただし、エネルギーの単位は「J（ジュール）」というあまりなじみのない単位なので、ちょっと実感がわきにくいですね。そこで、私たちにとってなじみのある

[*1]「エネルギーが質量にもなる」ということもできる。Lesson 11とLesson 12を参照。

Lesson 9 ★ 不本意なエネルギーと質量

エネルギーの単位「cal（カロリー）」を使いましょう。calは「今日の朝ごはんは500kcal」というように、エネルギーの単位として使われます。先ほどの「J」は「cal」と

$$1J = 0.2389cal$$

という関係があります[*2]。そこで、先ほどの9京Jは

$$9京J = 9京 \times 0.2389cal = 2京1500兆cal$$

となります。これでエネルギーの単位をなじみのあるcalにすることができました。つまり、

$$1kgの質量 = 2京1500兆calのエネルギー$$

ということになるのです。すごいエネルギーですね。実感できますか？　このように、質量を$E=mc^2$の公式に当てはめてエネルギーにすると、途方もないエネルギーが生まれるわけです。

1kgの質量がエネルギーになると

m（質量）

1kgの粒子

$E=mc^2$

バーン
E

消えて2京1500兆cal
のエネルギーに

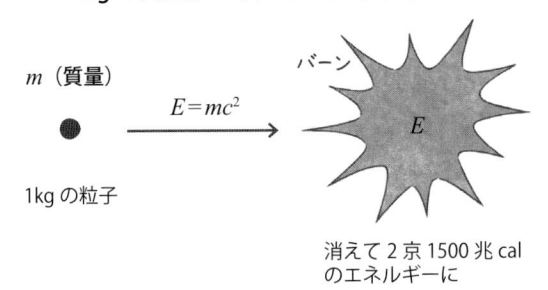

図9.1　1kgの質量は2京1500兆calのエネルギー

[*2] 1950年の国際度量衡委員会の定義による。

核分裂の発見

　この途方もないエネルギーが先ほど紹介した原爆に利用されたわけです。1938年、ナチスが政権を握った当時のドイツにおいて、オットー・ハーンらが、ウラン原子核が核分裂する際にわずかに質量が減り、その分の質量が膨大なエネルギーを生み出すことを発見したのです。

　これは、先ほどの$E=mc^2$により、減った分の質量がエネルギーになったことを意味します。つまり、相対論の$E=mc^2$の正しさを実証したものであったわけです。そして、これがのちの原子爆弾につながったのです。

　先ほど、1kgのエネルギーは2京1500兆calであると紹介しました。しかしウランの原子核分裂では、質量が減るのはごくわずかです。それでも1kgのウラン[*3]が完全に核分裂を起こすと、20兆calのエネルギーになります。20兆calとはどれくらいのエネルギーなのでしょう？

　これは火薬による通常爆弾[*4]の約2000万kgの威力に相当します。もしも10tトラックでTNT爆弾を運ぶとすると、図9.2のように2000台のトラックが必要となります。核兵器がどれだけ恐ろしく強力な兵器かが、この部分に注目するだけでもわかるでしょう。

1kgのウランU（235）が
すべて核分裂すると

10tトラック2000台分のTNT爆弾の
エネルギーと同じエネルギーになる

図9.2　原子爆弾と通常爆弾

---

*3　ウラン235の場合。
*4　TNT爆弾とする。

Lesson 9 ★ 不本意なエネルギーと質量

太陽が輝くわけ

　原爆なんていう、ちょっと暗い話をしました。しかし$E=mc^2$は、何も原爆だけに関係する式というわけではなく、自然科学のいろいろなところにしばしば出てくる式なのです。そこで、今度は明るい話をしましょう。

　太陽の話です。太陽が輝くわけは、Lesson 5で「水素からヘリウムが作られるから」ということを紹介しました。しかし、どうして水素からヘリウムが作られると太陽が輝くのでしょう？　ここで、水素（陽子1個）とヘリウム（陽子2個、中性子2個）の質量に注目します。1つのヘリウムは水素4つから作られます。よって普通に考えると、「質量はなくならない」のならば、ヘリウムの質量は水素4つの質量と同じと考えられます。

　ところが、水素4つの質量よりも、ヘリウムの質量のほうが約0.7%軽いのです。この「消えてしまった」質量はどこへ行ったのでしょう？

　ここで、$E=mc^2$の公式の登場です。実は「消えてしまった質量」が$E=mc^2$によってエネルギーになるのです。このエネルギーは大変大きく、たとえば水素1kgがヘリウムになるエネルギーを$E=mc^2$で計算すると、150兆calのエネルギーが得られるのです。

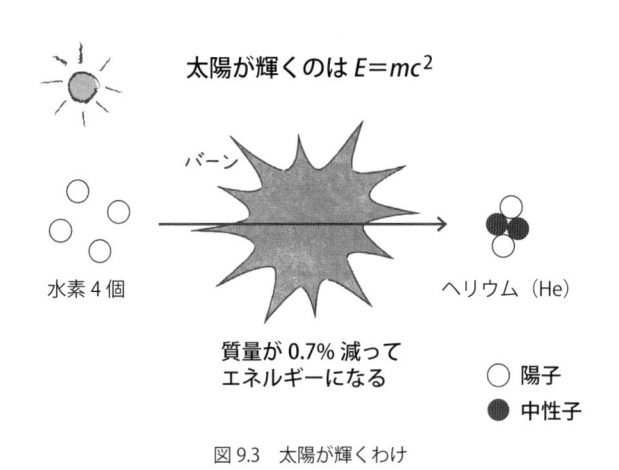

図9.3　太陽が輝くわけ

　もしも、このエネルギーに相当するTNT爆弾を10tトラックで運ぶとすると、15000台のトラックが必要となります。原爆よりもすごいエネルギーですね。
　今、私たちが地球でこのように暮らしていられるのも太陽のおかげです。毎日見

ている太陽は、水素からヘリウムが作られるときに失われる質量から出る $E=mc^2$ のエネルギーで輝いているわけです。

9.2 変わらないものと変わる長さ

　ここまで、質量とエネルギーは別々のものではなく、$E=mc^2$ で結びついていること、そして原爆や太陽などのエネルギーは、$E=mc^2$ により、質量の一部がエネルギーに変わったものであることを紹介してきました。これは特殊相対論の結果です。

　一方、同じ特殊相対論の結果として、Lesson 8 では時間が遅れることを紹介しました。具体的には、ある速度で動いている列車に乗っている場合、速度を v、光速を c として

$$列車のなかの時間 = 列車の外の時間 \times \sqrt{1-\left(\frac{v}{c}\right)^2}$$

になることを学びました。$\sqrt{1-\left(\frac{v}{c}\right)^2}$ 倍だけ時間が短くなるのです。Lesson 4 で紹介したように、特殊相対論では、時間と空間が結びついて「時空」というものを作ります。それならば、時間だけでなく、空間も短くなったりすることはあるのでしょうか？

空間（物の長さ）が縮む世界

　実は、空間も時間と同じように変わります。Lesson 8 で紹介した時間の遅れと違って証明がちょっと大変なので、ここでは結果だけ紹介します。光速に近づくと、なんと魔法のように空間が縮み、その結果、物の長さが短く見えるのです。

光速に近づくと空間（物の長さ）が縮む

図9.4 空間（物の長さ）が縮む？

これこそまさにSFですね。さて、どのくらい縮むのかというと、

$$動いているときの長さ = 止まっているときの長さ \times \sqrt{1-\left(\frac{v}{c}\right)^2}$$

となることが知られています。時間の遅れのときと同じように、空間（物の長さ）も$\sqrt{1-\left(\frac{v}{c}\right)^2}$倍変わるのです*5。

$$時間、空間は \sqrt{1-\left(\frac{v}{c}\right)^2} 倍変わる$$

のです。くどいようですが、「何倍、遅くなるか／縮むか」というと$\sqrt{1-\left(\frac{v}{c}\right)^2}$倍になるのです。

光速に近づくと時間の遅れ、空間（物の長さ）の縮みが目立つようになる

このように、時間だけでなく、空間（物の長さ）も変わってしまうことがわかりました。それでは、光速に近づくにつれて、どのくらい遅くなる、あるいは縮むのでしょう？　先ほどの「何倍、遅くなるか／縮むか」（$\sqrt{1-\left(\frac{v}{c}\right)^2}$倍）を具体的な速度について計算し、表9.1に示しました。

---

*5　実際に見える風景はもう少し複雑で、光速に近づくと実は風景がゆがんで見える。

表9.1 具体的な速度に対する時間の遅れと空間の縮み(光速を3億m/秒とする)

速度 v	光速との比	何倍、遅くなるか/縮むか	身近なもの(およそ)
3m/秒	0.000001%	0.99999999999999995	人が軽く走る速度
30m/秒	0.00001%	0.999999999999995	特急列車
300m/秒	0.0001%	0.9999999999995	飛行機
3000万m/秒	10%	0.995	
2億4000万m/秒	80%	0.600	
2億7000万m/秒	90%	0.436	
2億9700万m/秒	99%	0.141	
2億9970万m/秒	99.9%	0.045	

　この表からわかるように、日常的な速さでは時間も長さもほとんど変わりません。たとえば、秒速3mで走ると、時間と長さは0.99999999999999995倍変わります。こんな違いはまず実感することはできず、時間も空間もほぼ変わらないと見なしていいのです。特急列車や飛行機に乗っても、違いはまず実感できません。

　しかし光速に近づくと、長さ、時間が大きく変わることがわかります。光速の80%に近づくと、時間、長さは0.6倍になります。10秒は6秒、1mは60cmになります。そして光速の90%に近づくと、時間、長さは0.436倍になり、光速の99.9%に近づくと、なんと時間、長さは0.045倍になります。このとき、10秒は0.45秒、1mは4.5cmになってしまうのです。

　このように、日常生活ではほとんど影響はありませんが、光速に近づいていくと時間が遅れ、空間が縮む効果が目立ってくるのです。

変わらないもの—光速—

　これまで、$E=mc^2$の公式を通して、質量がエネルギーに変わること、さらには、時間ですら遅れ、空間ですら縮んで変わってしまうことを紹介しました。

　特殊相対論では、このように私たちが普段変わるはずがないと考えているものまで変わってしまいます。こんなふうに何もかも変わってしまうのでしょうか？　変わらないものはないのでしょうか？　そこで、これから

誰から見ても変わらないもの

を探してみましょう。

Lesson 9 ★ 不本意なエネルギーと質量

　これまでの話で、時間も空間も絶対的なものではなく、見る人によって遅れたり縮んだりする相対的なものであることがわかりました。それならば、時間と空間に関して「誰から見ても変わらないもの」は何なのでしょうか？
　そのヒントは光速です。光速（c）は誰から見ても変わらないのでした。そこで、「距離（x）＝光速（c）×時間（t）」より、

$$c = \frac{x}{t}$$

という式が成り立ちます。この式はとても重要です。なぜかというと、誰が見てもこの方程式は成り立つからです。時間や空間ですら変わってしまうのに、この式は誰から見ても変わらないのです。
　さて、この「誰が見ても成り立つ」方程式 $c = \frac{x}{t}$ を2乗します。

$$c^2 = \frac{x^2}{t^2}$$

　ここから、

$$x^2 = (ct)^2$$

となります。
　そして全部左辺に移すと、$x^2 - (ct)^2 = 0$ となります。ここで、この左辺を s^2 とおきましょう（s の意味はすぐに説明します）。つまり、

$$s^2 = x^2 - (ct)^2 = 0$$

となります。すると、光速は誰から見ても同じということは、誰が見ても $s^2 = x^2 - (ct)^2 = 0$ ということになります。
　ここで、とても重要な説明をします。私たちの世界では、長さ（x）も時間（t）も見る人によって変わってしまうのでした。そして、私たちの世界で変わらないものとして、「距離（x）＝光速（c）×時間（t）」を変形して得られる $s^2 = x^2 - (ct)^2 = 0$ を紹介しました。

ここで、説明は省略して、こんな大胆な結論を紹介します[*6]。

私たちの世界では $s^2 = x^2 - (ct)^2$ は（s^2 が 0 でなくても）誰が見ても変わらない

光速が一定というのは、実は $s^2 = 0$ の特別な場合だったのです。時間と空間に関して「誰が見ても変わらないもの」である $s^2 = x^2 - (ct)^2$ は、相対論において非常に重要なものになっています。

この $s^2 = x^2 - (ct)^2$ は、三平方の定理 $c^2 = a^2 + b^2$ と似ています。三平方の定理で求められるのは直角三角形の斜辺の長さ（間隔）ですが、相対論では、その長さ（間隔）は見る人によって変わってしまいます。その代わり、$s^2 = x^2 - (ct)^2$ が変わらないので、これを「世界間隔」などといいます（単に「間隔」ということもあります）[*7]。

9.3 相対論の代名詞、$E = mc^2$

「勢い」と運動量

特殊相対論では時間も空間も変わってしまうのに、時間と空間を組み合わせた世界間隔 $s^2 = x^2 - (ct)^2$ は、「誰が見ても変わらないもの」であることを紹介してきました。実は、これと似た式がエネルギーと質量にもあるのです。しかし、それを説明するためには、もう 1 つ新しいことを学ぶ必要があります。

それは「運動量」と呼ばれるものです。そこで、運動量についてちょっと学んでいきましょう。

運動量とは、直感的にいうと「勢い」のようなものです。ここでは、ビリヤードボールについて考えてみましょう。このボールが動いていれば勢いがありますね。

[*6] 興味のある人は、B. F. シュッツ著『シュッツ相対論入門 上 特殊相対論』丸善株式会社（1988）を参照のこと。
[*7] 数学が得意な人向け：空間の場合、$x^2 + y^2 + z^2$ から長さ（間隔）を求めるが、長さは見る人によって変わってしまう。その代わり、時間も含めた $s^2 = x^2 + y^2 + z^2 - (ct)^2$ が変わらないのである。また、文献によっては $s^2 = (ct)^2 - x^2 - y^2 - z^2$ を世界間隔としているものもある。

とりあえず、そんな感じで理解してください。この本では「運動量」を簡単にするために「勢い」と表現することにします。

さて、質量mのボールの速度がvであるとします。このとき、重さが2倍の質量$2m$のボールを「質量m、速度がvのボールと同じ勢いにしたい」とします。速度はいくつにすればいいでしょう？　もしも質量mのボールと同じ速度vにすると、質量が2倍になっているので、勢いは同じにならず大きくなってしまいます。

実は、ボールの重さが2倍になった分、速度を半分の$\frac{v}{2}$にすると、質量m、速度vのボールと同じ勢いになるのです。図9.5を見て、2つのボールがどちらも同じ勢いになっていることを直感的に納得しておきましょう。

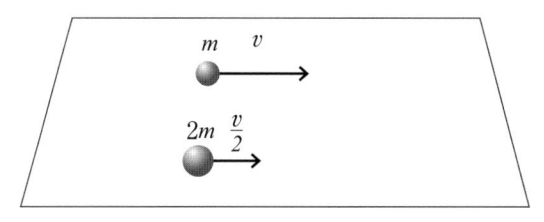

質量も速度も違うがどちらも同じ運動量である。

図9.5　ビリヤードの2つのボールと運動量

重さが2倍になると速度が半分になるということは、結局ボールの勢いは「質量×速度」で表されるのです。このボールの勢いが「運動量」です（しばしばpと書きます）。つまり、「運動量＝質量×速度」（$p=mv$）です。この運動量、日常生活ではあまり聞きませんが、「エネルギー」と同じくらいとても重要な役割を果たしています。

ここで、あとで重要になる運動量の性質を指摘しておきます。それは、運動量＝質量×速度なので、速度がゼロのとき、運動量はゼロになるということです。記号で書くと「$v=0$のとき、$p=0$」となります。覚えておいてくださいね。

エネルギーも運動量も変わる

さて、運動量にはおもしろい性質があります。先ほど紹介したように「運動量＝質量×速度」でした。ここで、速度は図9.6のように見る人によって変わってしまいます。

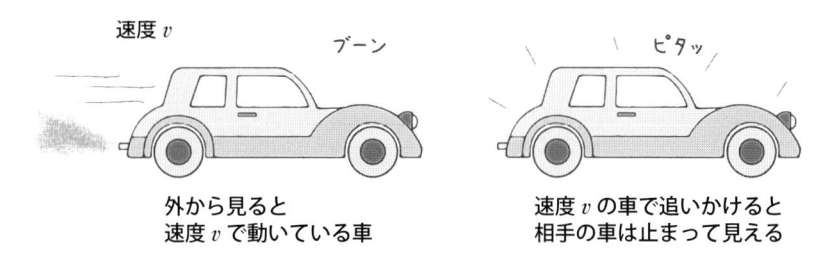

図 9.6　速度は見る人によって変わる

　たとえば、図 9.6 の左のように、自動車がある速度で動いているとします。この自動車は「質量×速度 v」の分だけ運動量があります。ところが、もしも別の自動車に乗って、この自動車と同じ速度で追いかけると、図 9.6 の右のように自動車は止まって見えます。止まって見えるわけですから「勢い」すなわち運動量はゼロになるのです。このように、運動量というものは見る人によって変わるものなのです。一方、エネルギーも速く動いているときは大きいのですが、ゆっくり動くとエネルギーは小さくなることが直感的に理解できると思います。よって、エネルギーも見る人によって変わってしまいます。

変わらないものは「静止質量」

　これで、有名な $E=mc^2$ の性質を説明する準備が整いました。

　先ほど、時間も空間も変わってしまうが、その代わり「距離＝光速×時間」から出てくる世界間隔 $s^2 = x^2 - (ct)^2$ が変わらないことを紹介しました。このように、実は相対論の世界では、○や△が変わっても $○^2 - △^2$ は変わらないということがあるのです。今度はエネルギー E も運動量 p も見る人によって変わってしまうわけですが、エネルギー E や運動量 p の代わりに変わらないものはあるのでしょうか？

　そこで、時間や空間の場合と同じように $○^2 - △^2$ を考えましょう。片方にマイナス (−) と c をくっつけて

$$x^2 - c^2 t^2 \rightarrow \left(\frac{E}{c}\right)^2 - p^2$$

を考えます。すると、実はこの式も $s^2 = x^2 - (ct)^2$ と同じように、誰から見ても同じ

Lesson 9 ★ 不本意なエネルギーと質量

で変わらないのです*8。さて、それではこの変わらないものとは何なのでしょうか？特殊相対論では、これを質量mであると考えるのです。つまり、

$$\left(\frac{E}{c}\right)^2 - p^2 = (mc)^2$$

が成り立つのです。cがくっついていますが気にしないで大丈夫です。このとき、この質量を特に「静止質量」などといいます。このように特殊相対論では、時間と空間の式と、エネルギーと質量の式が似たかたちをしていることがわかります。

ここで、$E=mc^2$はどこへ消えたかという疑問を持った人もいるかもしれませんが、大丈夫です。$\left(\frac{E}{c}\right)^2 - p^2 = (mc)^2$で$v=0$のとき、すなわち静止しているときにどうなるかを考えてみましょう。このとき、運動量は$p=0$になるので$p^2=0$になり、

$$\left(\frac{E}{c}\right)^2 = (mc)^2$$

となります。両辺にc^2をかけると$E^2 = (mc^2)^2$となるので、これはちょうど$E=mc^2$を2乗した式になります。無事、$E=mc^2$の関係式が出てきました。

---

*8 数学が得意な人向け：空間の場合、運動量の大きさは$p_x^2+p_y^2+p_z^2$から求まるが、これは見る人によって変わってしまう。その代わり、エネルギーも含めた$p_x^2+p_y^2+p_z^2-\left(\frac{E}{c}\right)^2$、それに-1をかけた$\left(\frac{E}{c}\right)^2-p_x^2-p_y^2-p_z^2$が変わらないのである。ただし、運動量、エネルギーの定義は、日常での運動量、エネルギーとは少し異なるが、ここでは説明は省略する（結果だけいうと、エネルギー$=\dfrac{mc^2}{\sqrt{1-\left(\frac{v}{c}\right)^2}}$、運動量$=\dfrac{mv}{\sqrt{1-\left(\frac{v}{c}\right)^2}}$となる）。興味のある人は、B. F. シュッツ著『シュッツ相対論入門 上 特殊相対論』丸善株式会社（1988）などを参照してほしい。

（参考）時空図はSFチック

　Lesson 8とLesson 9の相対論の話はいかがでしたか？　まるで「キツネにつままれた」ような感じではないでしょうか？　実は、相対論はグラフで書くとすごくわかりやすいのです。紙面の関係で詳しくは紹介できませんが、相対論をもっと学びたいという数学好きの人のために少しだけ紹介しましょう。数学が苦手な人は読み飛ばしてかまいません。ここでは、Lesson 8の142ページの「宇宙を旅する列車」を時空図で考えてみます。

止まっている列車の時空図

　図9.7のように、相対論では普通、縦軸が時間t、横軸が位置xになります。つまり、上に行くほど時間がたち、横方向は位置を表します。このようなグラフを時空図といいます。

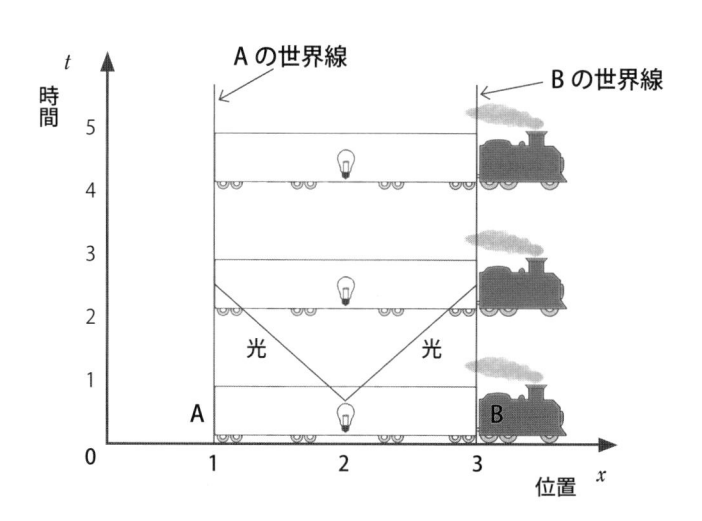

図9.7　止まっている列車の時空図

　まず、止まっている列車の時空図を見ていきます。列車の左端Aが$x=1$、右端

Bが$x=3$とします。この列車は止まっているので、時間がたっても左端Aは$x=1$、右端Bは$x=3$です。よって、A、Bのグラフは図9.7のように$x=1$、$x=3$の直線になります。これをA、Bの世界線といいます。

列車が3つ書いてありますが、これは列車が時間がたっても（上に行っても）動かないことを表しています。

次に、列車の中央から出た光のグラフを見てみましょう。光は左右に進むので、時間がたつと（上に行くと）、光が右に進む場合はxの値が増え、光が左に進む場合はxが減り、光のグラフ（世界線）は図9.7のようになります。tが2と3の間あたりで、光がA、Bの世界線と交わっています。この時刻に光は左端Aと右端Bに届きます。

動いている列車の時空図

列車の外から見たときの時空図

今度は、Lesson 8の144ページの「図8.7　列車の外から見ると」の列車が右向きに動いている場合を時空図で見てみましょう。

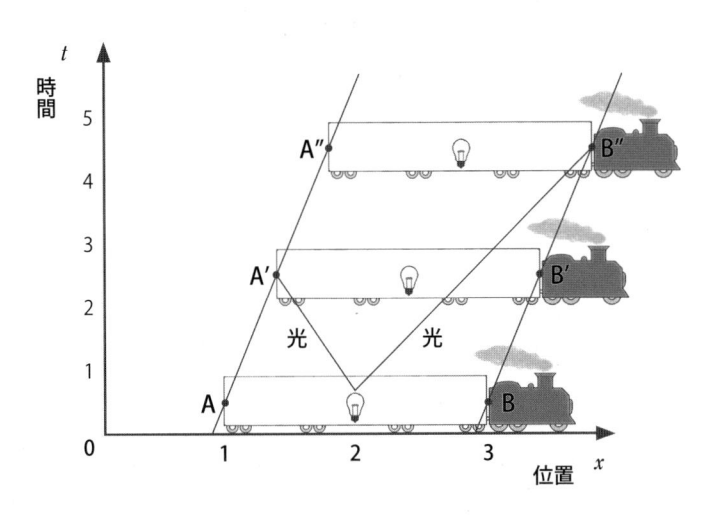

図9.8　動いている列車の時空図

列車は時間（t）がたつにつれて右に動きます（xが増えます）。列車の世界線は、図9.8のように、時間がたつと（上に行くと）xが増える（横に動く）ので、斜めの

線になります。列車の絵は3つの時刻について描かれています。いちばん下がA、B、まんなかがA'、B'、いちばん上がA"、B"です。

このとき、列車の中央から出た光の世界線は先ほどと変わらないので、図のA'、B"で列車と交わっています。交わったところの時刻で光は列車の左端A、右端Bに届きます。図9.8を見ても明らかなように、B"の時刻のほうがA'の時刻よりも上にあるので、B"のほうがあとで光が届いたことがわかります。これはLesson 8の148ページの「図8.11　列車の外から見ると」と同じ結果になっています。

列車のなかから見たときの時空図

Lesson 8の143ページの「図8.6　列車のなかから見ると」では、列車のなかの人から見ると、列車の左端、右端ともに同時に光を受け取るのでした。そこで、列車のなかの人は「光が列車の左と右に届く『A'とB"』を同時」ととらえるということになります。

すなわち、列車のなかの人にとってはA'とB"を結ぶ線が同時ということになります。これを図で表すと図9.9のようになります。

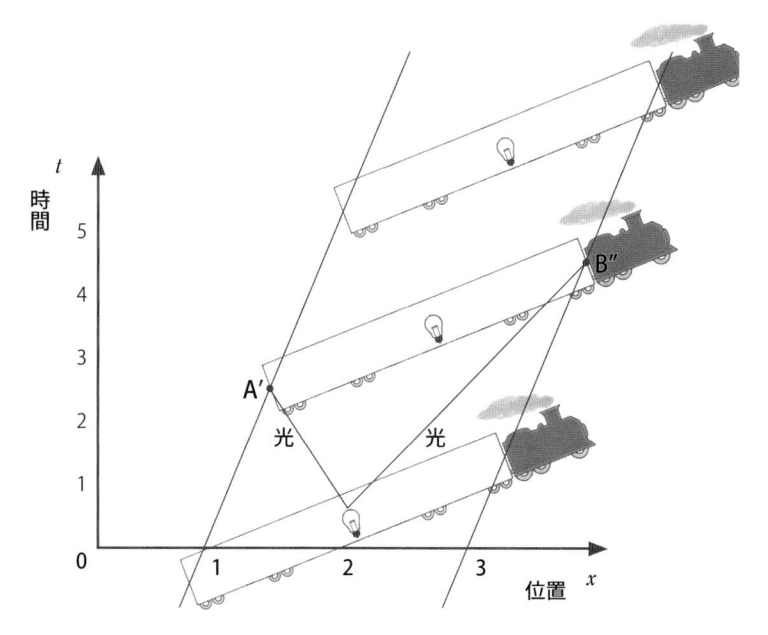

図9.9　列車のなかの人にとってはA'とB"を結ぶ線が同時になっている

この図は列車のなかにとっては同時である「A'とB"」を結ぶ列車を描き、それと平行にいくつかの列車を描いたものです。つまり、列車のなかの人は、時空図で表すと「斜めの列車」に乗っていることになるのです。図9.9と図9.8の時空図を比較すると、列車のなかの人は、列車の外の人とは違う位置、時刻のものを同じ時刻に見ているということが一目瞭然だと思います。

　このように、時空図で見ると、列車のなかと外で同時が異なるということがスッキリするのではないでしょうか？　紙面の関係でごくわずかしか紹介できませんでしたが、この時空図を使うと相対論をより深く理解できるようになります。

Lesson 10

もしも別の世界が あったら

—パラレルワールドと量子論—

フシギ度
★★★★★

ロマンチック度
★★★

私たちの未来はすでに決まっているのでしょうか？

20世紀には、アインシュタインの相対論に加えて、
「量子論」という私たちの世界観を覆す理論が生まれました。
量子論では「未来は確率的にしか決まらない」という、
びっくりするような世界観が導き出されます。
つまり、「神様はサイコロをふるように確率的に未来を決めている」というのです。
確率的に未来が決まるのなら、その分、未来はたくさんある
（パラレルワールド）ということになるのでしょうか？
本当にパラレルワールドはあるのでしょうか？

Lesson 10 ★ もしも別の世界があったら

10.1　もしも別の世界があったら

パラレルワールド

読者の皆さんは子供の頃、次のようなことを考えたことはないでしょうか？

「自分がトップアイドル（芸能人）だったらなあ」

ほかにも「億万長者の自分」とか「世界中を旅している自分」とか「野球選手の自分」とか、いろいろな今の自分を考えたことはないでしょうか？

いろんな自分が別の世界にいる？

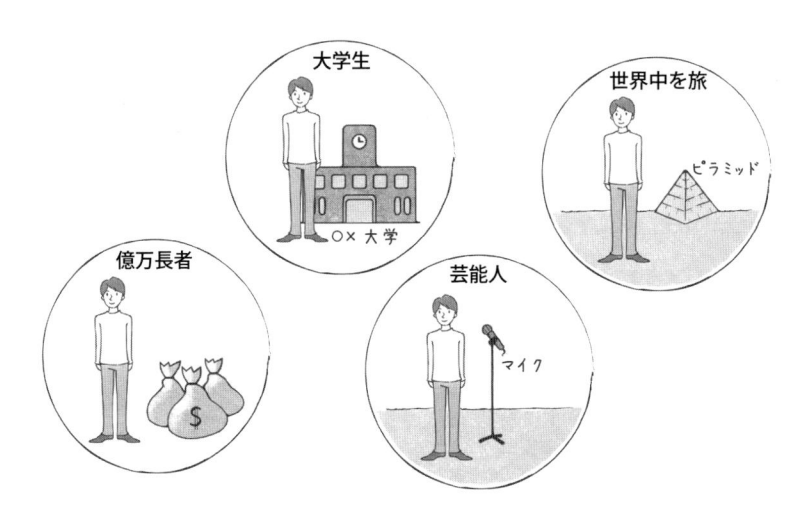

図10.1　SFとパラレルワールド

　SFの世界にはしばしば、このような「パラレルワールド」の話が出てきます。パラレルワールドとは「平行世界」のことで、世界がほかにもあるとしたSF作品です。今の自分とは違う別の世界の自分。本当にそんなことがありうるのでしょうか？
　実は、パラレルワールドと関連した話が自然科学の世界に出てきます。今回は、

その話を紹介しましょう。

未来はすでに決まっている？

　まず逆に、パラレルワールドが存在せず未来は1つだけだとしましょう。このとき、未来はどれくらい決まっているのでしょうか？

　「未来はどれくらい決まっているか？」を考えるために、月を考えてみましょう。月はいつ満月になり、いつ新月になるか、何年も前からすでにわかっています。そればかりか、月が太陽を隠すことによって起こる皆既日食の日時も正確にわかっています。このように、月などの未来はけっこう正確にわかるのです。これは「ニュートン力学」と呼ばれるニュートンの法則を使うと、全部計算できるからなのです。

　私たちの身近な世界でも、ボールなどを投げるといつ地上に落ちるかはニュートンの法則で計算できます。未来が計算できるのです。そして、私たちは分子でできています。だから、もしも分子がボールや月のように動くのであれば、計算で未来がわかるはずです[*1]。よって、分子でできている私たちの未来も、分子の数が多すぎて計算は大変ですが、原理的には決まっているはずです。

　19世紀に、ラプラスという人は、未来は決定していると主張しました（決定論的自然観）。この世界の物質はすべてニュートン力学で動くので、現在の様子（位置、速度）がわかっていれば未来は計算できてしまうという主張です。まるで映画のフィルムを再生しているだけのようです。私たちの未来は本当にすでに決まっているのでしょうか？　私たちの意思で変えることはできないのでしょうか？

映画のフィルムのように……

図10.2　未来はすでに決まっている？

[*1] 実は、あとで説明するが、分子はミクロな物質なのでボールや月のようには動かない。

10.2 波は広がり、粒子は進む

　この19世紀までの考え方は、20世紀に入って大きく変わることになります。20世紀に入って「量子論」というまったく新しい理論が作られたからです。量子論では未来をどう考えるのでしょうか？

　量子論での未来の考え方を知るためには、「波」の知識がちょっと必要になります。「どうして？」と思うかもしれませんが、次の節からその理由を説明するので、とりあえず波の性質を少し学んでおきましょう。

　波として、海の波のようなものを思い浮かべてくれればいいでしょう。波の重要な性質の1つは「広がること」です。波はまっすぐ進まず、広がってしまうのです。イメージとしては図10.3のように、波が「ほわんほわん」と広がると思えばいいでしょう。海で波が防波堤の隙間を通ると、波はまっすぐ進まず広がってしまいます。そして、波長が長いほど「ほわんほわん」と広がるのです。逆に波長が短ければ、あまり広がらずに波は進みます。

防波堤の隙間を通ると、海の波は広がる

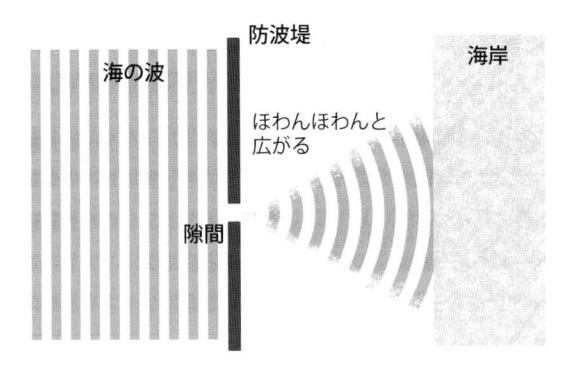

図10.3　波は広がる

　波の特徴は「広がること」と紹介しましたが、それでは広がらないものは何でしょう？　それは「ボール」とか「ビー玉」などの「粒子」です。ビー玉は広がりません。「波は広がり、粒子は進む」のです。

さて、もう1つの波の性質は、「波はぶつかると強めあったり弱めあったりする」ということです。2つの波がぶつかると、波が強めあったり弱めあったりしていろいろなかたちの波ができます。たとえば海では、たくさんの波がぶつかりあって複雑なかたちの波を作っています。

2つの波がぶつかるときれいな模様ができる

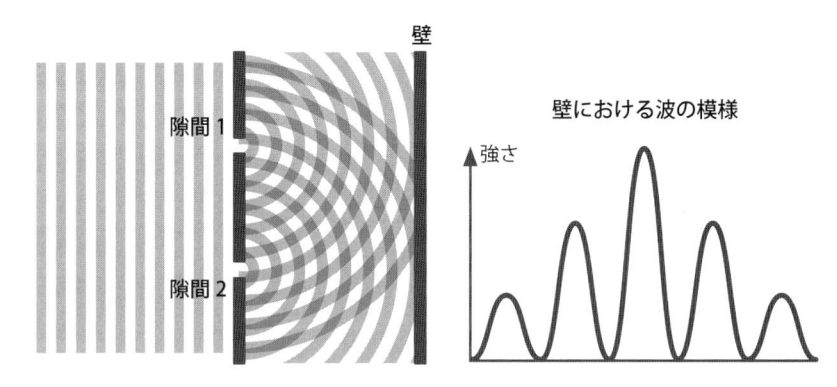

図10.4　波はぶつかると強めあったり弱めあったりする

　図10.4の左は、波が1と2の隙間を通ってほわんほわんと広がり、その2つの波がぶつかりあって、強めあったり弱めあったりして、きれいな模様を描いている様子です。図10.4の右は、その波が壁に当たったときの波の様子（強さ）の絵です。波はまんなかあたりがいちばん強くなっていて、離れると弱くなったり強くなったりしています。

10.3 電子の本当の姿

一応これで波の説明は終わりました。それではさっそく、量子論の摩訶フシギな世界を紹介しましょう。

ボールを投げると

今、図10.5のように2つの隙間があるとします。ここにボールを投げて通してみましょう。そうすると、だいたい隙間の先にボールがぶつかります。隙間はボールよりもちょっと大きいので、少しずれる場合もありますが、壁にボール検出器を取りつけておくと、ボールカウント数は隙間の先にだいたいピークがあります。

ボールはだいたい隙間の先にぶつかる

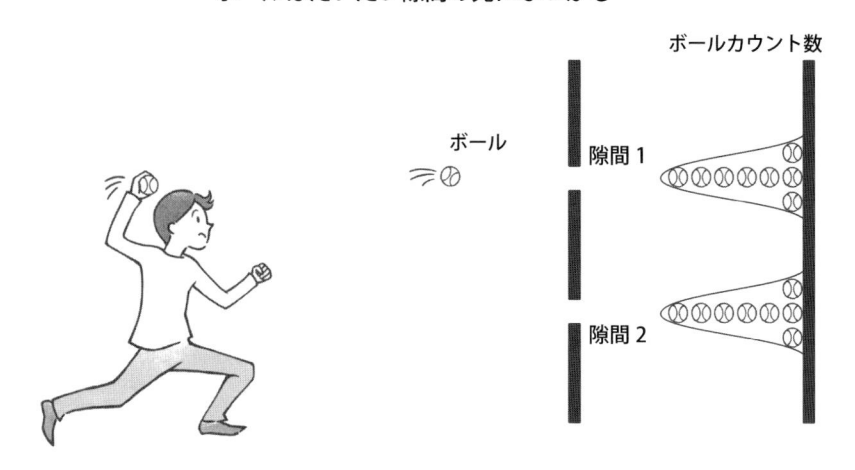

図 10.5　ボールの場合

これは当たり前のことと思うでしょうが、「ボールは広がらずに進む」ためにこうなるのです。このような広がらない性質はボールを小さくしても、それが粒であれば成り立ちます。そこで、こういったボールの性質を「粒子的な性質」などといいます。

電子を投げると

電子はでたらめ？

ところが、これと同じことを電子でやってみると不思議なことが起こります。まず、電子を投げてみると、隙間の先でないところでカウントされます[*2]。たとえば図10.6のように、まんなかでカウントされるのです。ボールの場合はだいたい隙間の先でカウントされたわけですから、隙間の先から離れたまんなかでカウントされるというのは驚きです。

電子はでたらめにぶつかる？

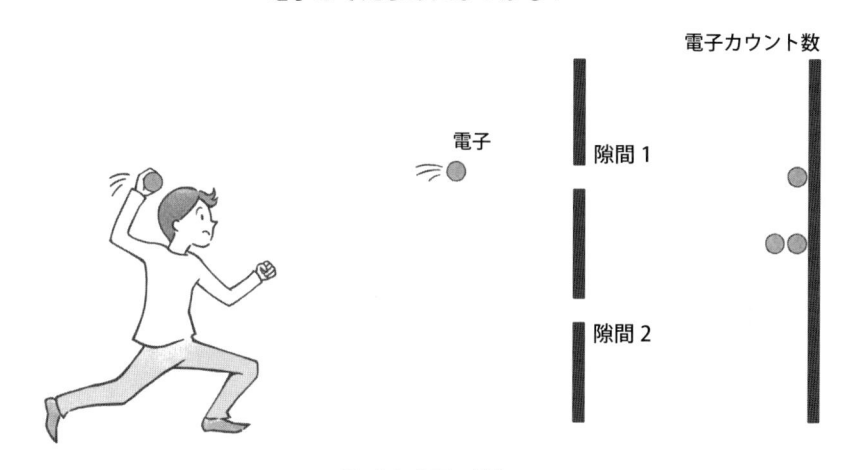

図10.6　電子の場合

もう1回投げると、今度はまったく別のところで電子がカウントされます。そして、また投げるとまったく別のところでカウントされます。

このように、数回投げた段階では、電子はでたらめに壁にぶつかっているように見えます。電子では、一見、未来はまったく予言できないように見えます。ボールと違い、電子というものはでたらめなのでしょうか？

[*2] これは、あとで述べるように、あくまでも確率の問題（さらには隙間と壁の位置の問題）であって、場合によっては最初に隙間の先でカウントされる場合もある。

電子が波の模様を描いた！

しかし、たくさん電子を投げると不思議なことが起こります。次々と電子を投げて電子をカウントし、そのカウント数の図を描くと図10.7のようになるのです。

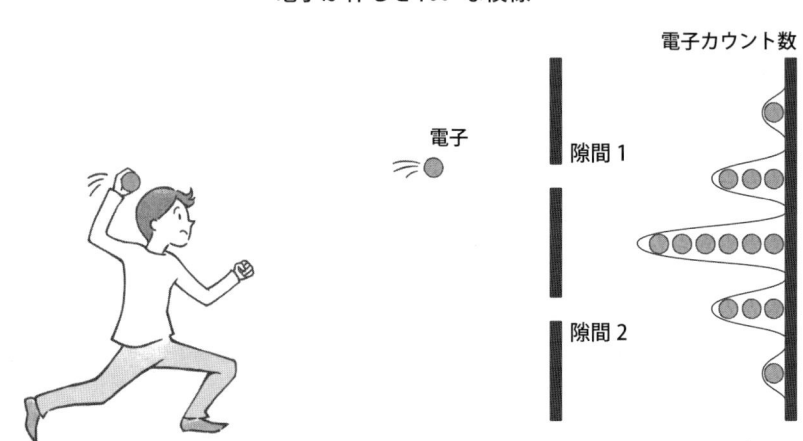

電子が作るきれいな模様

図10.7 電子をたくさん投げるときれいな模様ができる

つまり、電子のカウント数が大きくなったり小さくなったりして、きれいな模様を描くのです。1個1個の電子はでたらめなのに、たくさん集まると不思議な模様になるわけです。

このような模様はボールではできません。もちろんビー玉でもだめです。このように、電子は「ボールのような粒子的な性質を持つもの」とはまったく違う振る舞いをします。それでは、このきれいな模様はいったい何を意味するのでしょう？

実はこの模様、先ほどの図10.4の「2つの波がぶつかったときの模様」そのものなのです。電子がなんと波の模様を描いたのです！　つまり、この実験では、電子は「ボールのような粒子的な性質を持つもの」よりも「水の波のような波」に似ているといえます。

電子が波

というとびっくりするかもしれません。でも図10.7と図10.4を見比べると、電子はボールのような粒子的な性質を持つものと考えるよりも波と考えたほうが自然です。そこで、ここでは大胆にも「電子は波である」と解釈することにしてみましょう。

10.4 神はサイコロをふる？ふらない？

電子は確率の波でできている

「電子は波である」と解釈しましたが、そもそもどんな波なのでしょう？　先ほど、「1個1個の電子はでたらめだが、電子のカウント数が多くなるときれいな波になる」と説明しました。これはサイコロと似ています。サイコロもふると、1から6まで、でたらめな数が出てきますが、何回もふると、1から6までがきれいに等確率で出てきます。

そうすると、図10.7の波はサイコロのように「確率の波」と解釈することができそうです[*3]。

今、図10.8のような電子の確率の波があるとしましょう。そうすると、波の大きさが大きいところは電子が見つかりやすく（確率大）、波の大きさが小さいところは電子が見つかりにくい（確率小）のです。波の強さがゼロのところは、電子が見つかる確率はゼロです。まんなかあたりが強さがいちばん強いので、まんなかあたりで電子がいちばんよく見つかります。中心から離れたところでも、山となっているところでは電子が見つかる確率があります。

電子は確率の波

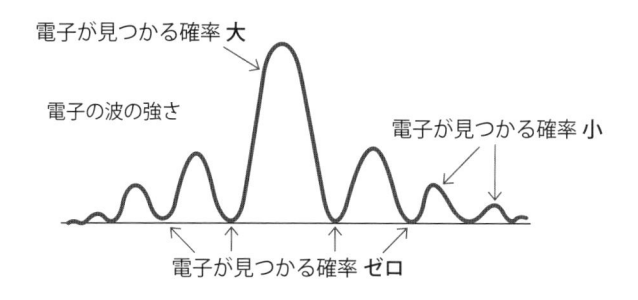

図10.8　確率の波（波の強さ）

[*3] 実際には「波」の絶対値の2乗が確率になると解釈する。

このように、電子は確率の波で表すことができると解釈されるのです。これは私たちの自然の見方を大きく変えました。電子の未来はただ1つに決まっているわけではないのです。図10.8のような場合、まんなかで電子が見つかることもあるし、少し離れたところで見つかることもあるのです。

電子の未来は、確率的にどうなるかだけが「電子の確率の波」によって決まるというのです。これが、20世紀に出てきた「量子論」の新しい考え方です。

アインシュタインと量子論―神はサイコロをふらない―

どうでしょう？　皆さんはすぐに納得できましたか？　この解釈をなかなか受け入れない人もいると思います。特にはじめて聞いた人は、にわかには信じられないのではないでしょうか。

でも、すぐに納得できなくても大丈夫です。この考え方に反対した人として、あのアインシュタインがいます。アインシュタインは未来が確率で決まるなんておかしいとし、「神はサイコロをふらない」といったといわれています。アインシュタインですら受け入れることのできなかった量子論の確率解釈。しかし今では、この確率解釈が広く受け入れられています。

10.5　原子の世界と私たちの世界

私たちはみんな波でできている

さて、電子は確率の波でできていることを紹介しましたが、ほかの物質はどうなのでしょう。たとえば世の中には陽子や中性子などもあります。

実は電子だけでなく、私たちの物質はすべて、電子のような確率の波で表されるということがわかっています。これを「ド・ブロイ波」もしくは「物質波」といいます。私たちを構成する物質はすべて波でできているのです。そういう意味では、私たちは波だともいえるでしょう。

原子の世界と私たちの世界の関係

不思議だと思いませんか？　私たちが波だといっても、どこにそんな例があるのでしょう？　ボールはどう見ても粒子であり、波ではありません。私たちが波だなんて信じられないと思うのではないでしょうか。しかし、私たちは波なのです。これから、その種明かしをしましょう。

図10.9の右に示す電子の波について考えてみましょう。電子はミクロ（非常に小さいという意味）の世界では、これまで紹介してきたように波です。この波を遠くから見るとどうでしょう？　図10.9の左のように、ほとんど点、あるいは粒子のように見えると思います。

粒子は拡大すると波に見える

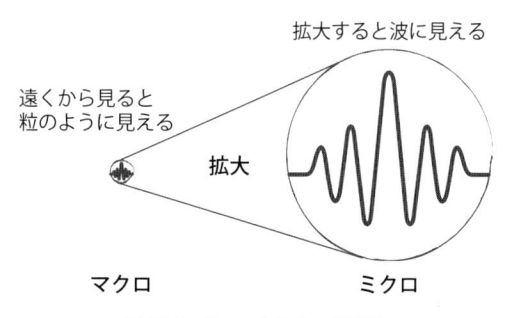

図 10.9　ミクロとマクロの関係

つまり、近くでは波に見えても、遠くから見るとあたかもボールのような粒子に見えるわけです。

私たちも遠くから見ているので普通の粒子に見えますが、どんどん拡大していくと確率の波になっていくというわけです。

10.6 シュレーディンガーの猫のエピソード

分身の術？―量子論の確率解釈―

電子の分身の術

さて、確率の波についてもう少し詳しく調べましょう。

先ほど、電子が確率の波であることを紹介しました。これは、現在主流の解釈[*4]によれば、「1つの電子はあっちにもこっちにもいて、電子を観測すると、確率の波が決める確率に従った場所で観測される」というものです。へんてこりんに思えませんか？

分身の術 ―電子はどこにいるの？―

1つの電子があっちにも
こっちにもいる

←電子

図 10.10　量子論の確率解釈

これは「分身の術」と似ています。ただし、忍法の分身の術は本物以外は見せかけなのですが、量子論の世界では本当に「1つの電子があっちにもこっちにもいる」と解釈するのです。

原子核の分身の術

別の例で考えてみましょう。原子核には放射線を出す原子核があります。そういう原子核にはたいてい「半減期」というものがあります。この半減期とは、半減期だけ時間がたつとほかの原子核に変わるということではなく、ある確率で別の原子核に変わっていき、半減期だけ時間がたつと確率的に $\frac{1}{2}$ になっているということです。

[*4] コペンハーゲン解釈という。

10.6 シュレーディンガーの猫のエピソード

　原子核は電子のようにミクロな物質なので、当然確率の波のように振る舞います。ただし、「あっちにもこっちにもいる」となるのではなく、この場合は「原子核は放射線を出していなかったり（図10.11の左）、放射線を出したりしている（図10.11の右）」というふうになるのです。そして実験などで観測すると、確率の波に従って放射線を出しているかどうかがわかるのです。「原子核の分身の術」ともいえるでしょう。これも？？？と思いませんか？

原子核の分身の術？

1つの原子核において
放射線を出していない原子核の状態と
放射線を出した原子核の状態が共存する

放射線を出していない　　放射線を出した
　　　　原子核　　　　　　　原子核

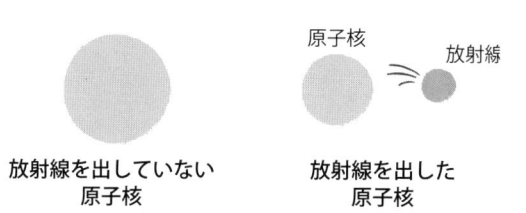

図10.11　放射線を出していない原子核であったり放射線を出した原子核であったり

シュレーディンガーの猫

　量子論の解釈に対して、シュレーディンガーは「シュレーディンガーの猫」といわれる有名なパラドックスを紹介しました。

　今、図10.12のように、箱のなかに猫がいて、毒ガス装置があるとします。ここで、先ほどの原子核の話を考えてみましょう。「原子核は1時間で、半分の確率で放射線を出し、半分の確率で出さない」とします。毒ガス装置は放射線を受け取るとスイッチが入り、猫は死んでしまいます。猫の生死は原子核の状態と連動します。原子核が放射線を出せば猫は死ぬし、放射線を出さなければ猫は生きています。

Lesson 10 ★ もしも別の世界があったら

猫の運命はどうなる？

図 10.12　シュレーディンガーの猫

　先ほどの量子論の確率解釈を使うと、「原子核は放射線を出していない原子核であったり、放射線を出した原子核であったりする」というわけですから、これに連動して、箱のなかを観測する前は、図10.13のように、

　　　　猫は生きている猫であり死んでいる猫でもある（半死半生の猫）

ということになるのでしょうか？？？　これが有名なシュレーディンガーの猫のパラドックスです[*5]。

猫は生きてもいるし
死んでもいる？

図 10.13　量子論の確率解釈では半死半生の猫になる？

[*5] 常識的には、箱のなかを観測しなくても、猫は生きているか死んでいるか決まっているということになる。

10.7 パラレルワールドの説

確率解釈は解釈

　さて、これまで確率解釈の説明をしてきました。ここで、自然科学なのだから「解釈」ではなくて証明とかもっときちんとしたものはないのかと思う読者の皆さんもいるのではないでしょうか。しかし残念ながら、今でも「解釈」にすぎないのです。どうして確率の波が出てくるのかとかいうことはわかっていません。理由はわかりませんが、とにかく確率の波があるとするといろいろ説明がうまくいくのです。そして現在主流の考え方が、これまで説明してきた量子論の確率解釈なのです。

多世界解釈―パラレルワールド？―

　このような量子論の確率解釈のほかにも解釈があります。その1つが「多世界解釈」です。パラレルワールドとも似た解釈です。これはエバレットが創始した解釈ですが、現在の物理学の主流ではありません。しかしながら、その結論は非常に驚くべき内容です。

　量子論の確率解釈では、観測するまで「電子はあっちにもこっちにもいる」としましたが、多世界解釈では図10.14のように、考えられる状態の数だけ、たくさんの世界が平行して存在するというものです。つまり、「電子が右にある世界」「電子が左にある世界」というように、それぞれの場合について世界がたくさん存在するというものです。

世界はたくさんある？
世界は可能性の数だけ存在する

電子

電子が左にある世界

電子が右寄りにある世界

電子がまんなかあたりにある世界

電子が右にある世界

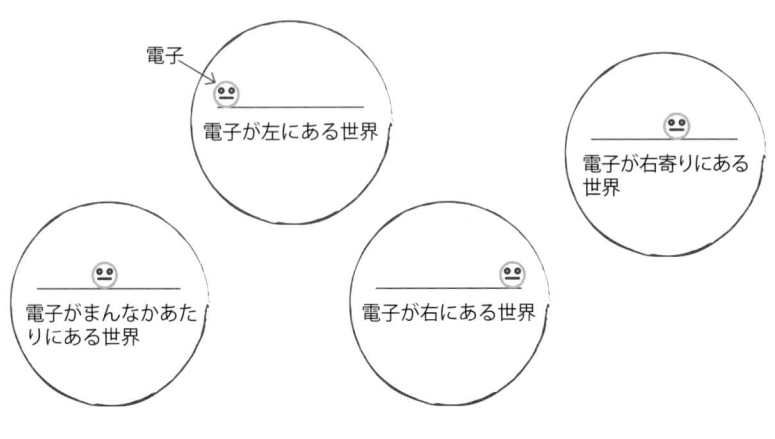

図 10.14　多世界解釈

　こうすれば、観測するまで「あっちにもこっちにもいる」という摩訶フシギな解釈は必要なくなります。「世界がたくさんある」というのはものすごくSF的ですが、見方によっては、こちらのほうが少し自然に思えるかもしれません。

　多世界解釈を先ほどのシュレーディンガーの猫の話に当てはめてみましょう。すると、シュレーディンガーの猫は

「死んでいる猫がいる世界」と「生きている猫がいる世界」が別々に存在する

というふうに解釈されます。どうでしょう？　「半分生きていて半分死んでいる猫」という解釈よりも、こちらのほうがわかりやすいと思う人もいるのではないでしょうか。

10.7　パラレルワールドの説

多世界解釈
猫が生きている世界と死んでいる世界が存在する

猫が生きている世界　　　　　猫が死んでいる世界

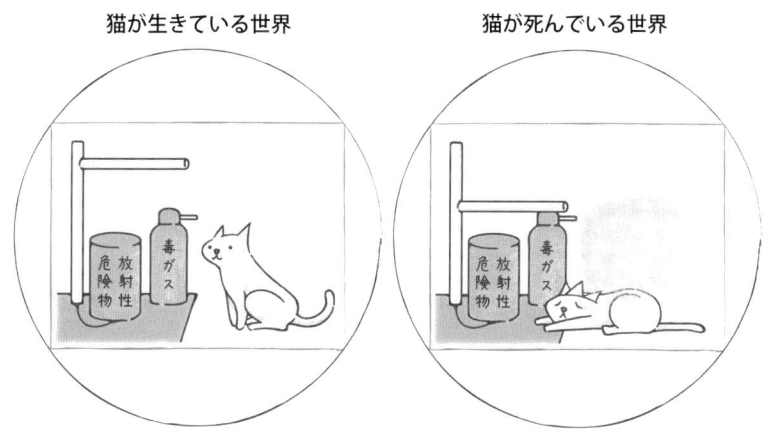

図 10.15　多世界解釈によるシュレーディンガーの猫

　このように、状態の数だけ別々に世界が存在するという解釈が多世界解釈です。このLessonの冒頭で示したパラレルワールドのようで、まるでSFです。そんなフシギチックな理論が物理学の世界にあるなんて、本当に摩訶フシギですね。

Lesson 11

「陽電子」「反陽子」の作り方、教えます
―反物質と物質の関係―

フシギ度
★★★★★

ロマンチック度
★★★

反物質の世界はあるのでしょうか？

SF作品などではときどき、「陽電子砲」や「反陽子爆弾」といった武器が出てきます。
そもそも陽電子や反陽子って何でしょう？
どうしてこれらがSFの世界では武器になるのでしょう？
この世界には、物質に対して反物質というものがあります。
今回は「反物質とは何か？」を学んでいきましょう。

Lesson 11 ★「陽電子」「反陽子」の作り方、教えます

11.1 アニメ、映画などに出てくる陽電子や反陽子や反物質とは？

「反陽子爆弾」とは？

マンガやアニメではときどき、摩訶フシギな爆弾が出てきます。

たとえばマンガ『21世紀少年』[*1]では「反陽子爆弾」という爆弾が出てきます。さらに、少年サンデーなどに連載された手塚治虫のマンガ『W3（ワンダースリー）』にも「反陽子爆弾」が出てきます。このように反陽子爆弾はマンガなどにときどき出てくるわけですが、そもそも反陽子とはいったい何でしょう？

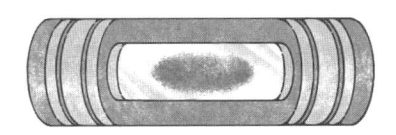

図11.1 反陽子爆弾（想像図）

「反陽子」の「反」の字をとってみましょう。すると「陽子」となります。陽子は原子核のなかにある粒子ですから、身の回りの原子すべてに存在します。反陽子とはいったい何なのでしょうか？　そもそも反陽子はなぜ、SFの世界で爆弾などとして使われることがあるのでしょうか？

「陽電子砲（ポジトロンライフル）」とは？

もう1つ例をあげましょう。アニメ「新世紀エヴァンゲリオン」では陽電子砲（ポジトロンライフル）が活躍します[*2]。そもそも陽電子とはいったい何なのでしょう？「陽電子」から「陽」をとった「電子」は、たとえば原子において原子核の周りを回っています。電子は普通に見られる粒子です。

[*1] 浦澤直樹、スタジオ・ナッツ著『21世紀少年』小学館（2007）
[*2] 庵野秀明監督「NEON GENESIS EVANGELION vol.02」（DVD）キングレコード（2003）

11.1　アニメ、映画などに出てくる陽電子や反陽子や反物質とは？

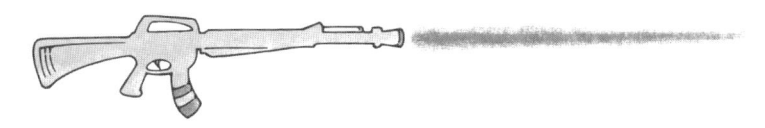

図11.2　陽電子砲（想像図）

　陽電子とはいったい何なのでしょうか？　そしてなぜ、陽電子がSFの世界で武器になることがあるのでしょうか？

反物質とは？

　それではまず、反陽子について説明しましょう。反陽子は名前から推測できるように、陽子と深く関係しています。陽子はこの本で何度も出てきましたが、プラスの電気を持った粒子で、電子の約1840倍の重さがあります。陽子は原子核のなかに存在します。

　反陽子の「反」は、英語でいうと「anti」で「反対の」という意味です。そして反陽子とは、陽子のプラスの電気を単にマイナスにしたものです。つまり、電気がマイナスになった以外は質量も陽子と同じなのです。

　陽電子も同じように考えることができます。電子はマイナスの電気を持ちます。陽電子は単に電子の電気をプラスにしただけです。あとの性質は電子と同じです。そこで、陽電子のことを反電子といってもいいのですが、しばしば「陽電子」と呼ばれます。電子や陽子は粒子です。それに対して陽電子や反陽子は反粒子といいます。

＋と−を入れ替えると陽電子、反陽子になる

電子　⊖　←→　⊕　陽電子
　　　　　　　　　　（ポジトロン）

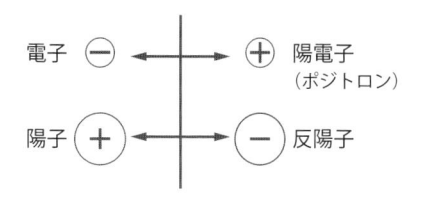

陽子　⊕　←→　⊖　反陽子

図11.3　反陽子、陽電子とは？

このように、世の中には粒子に対して反粒子というものもあるのです。反粒子は電気などのいくつかの性質を除くと粒子とまったく同じです[*3]。たとえば、Lesson 2で出てきた陽子や中性子をかたち作るクォークにも、反クォークというものがあり、これはクォークの電気などを逆にしたものです。同様に、中性子に対して反中性子というものも存在します。そして物質に対して、反粒子でできた反物質というものも考えられるのです。たとえば、水素に対して反水素、酸素に対して反酸素、そして金に対して反金なんていう反物質が考えられるのです。

反物質の世界はあるの？

反物質といったものが考えられると紹介しましたが、それでは反物質でできた世界というものは存在するのでしょうか？

反陽子は陽子の電気を逆にしただけのものです。同じように単純に考えると、反物質は物質のなかの粒子の電気などを逆にしただけのものです。それならば、「反物質だけの世界」があってもいいはずです。

反物質の世界とは、たとえていうならば「ネガ」のような世界です。本当に反物質だけの世界はあるのでしょうか？

反物質の世界はあるの？

物質の世界　　　　　反物質の世界

図11.4　物質の世界と反物質の世界？

[*3] 電気以外にもバリオン数など「内部量子数」と呼ばれるものが反対になるが、簡単にするため本書では省略する。

反物質が身の回りに見あたらないわけ

　残念ながら、私たちの身の回りには反陽子、陽電子といった反物質はありません。物質ばかりです。なぜでしょう？

　実は、反物質は物質とぶつかると消えてしまうのです。たとえば反陽子は陽子とぶつかると消えてしまいます。陽電子も電子とぶつかると消えてしまいます。反物質も物質とぶつかると消えてしまうのです。それで身の回りには反物質が見あたらないのです。

粒子と反粒子はぶつかると消滅

図 11.5　反物質が見あたらないわけ

反物質が SF の世界で武器として使われるわけ

　しかし、ただ単に消えるわけではありません。Lesson 9で学んだ $E=mc^2$ の公式を思い出してください。質量がなくなるとき、エネルギーを出すのでした。粒子と反粒子がぶつかって消えるとき、当然、粒子と反粒子の持つ質量もなくなります。この消えた質量が $E=mc^2$ 分のエネルギーになります。もし粒子と反粒子の質量が m kgとすると、合わせて $2m$ kgが $E=2mc^2$ のエネルギーとなります。図11.6は、電子と陽電子が消えて、その質量が光のエネルギーになっている様子を描いています。

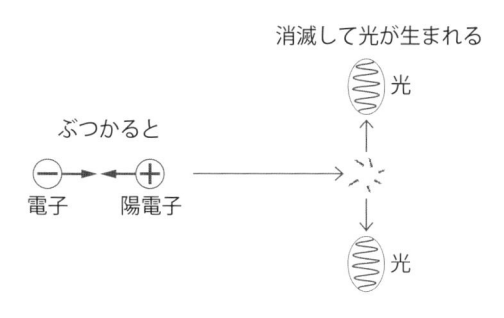

図 11.6　粒子と反粒子が消えて光のエネルギーになる

ちなみに、反物質1gで広島の原爆と同じくらいのエネルギーがあるといわれています。すごいですね。こういったこともあり、マンガやアニメなどで反物質が武器として使われているのかもしれません。

11.2 反物質は実際にCERNで作られている

それでは、反物質を実際に作ることはできるのでしょうか？

反物質を作るのに必要な反陽子は、1955年にアメリカのカリフォルニア州バークレーの実験施設で作られました。今では反陽子はいろいろなところで作られています。

こういったさまざまなミクロなものを扱うには、世界中にある「加速器」と呼ばれる巨大な実験施設がしばしば使われます。日本では、つくばにあるKEK（高エネルギー加速器研究機構）[*4]の加速器が有名です。ヨーロッパでは、ジュネーブのそばにあるCERN (European Organization for Nuclear Research) が有名です。

CERNとは欧州原子核研究機構の略称で、世界最大規模の素粒子実験施設があります。地下にはなんと全周27kmの加速器が設置されています。時速4kmで歩いた場合、約7時間もかかります。すごい大きさですね。

水素は陽子と電子からできていますが、CERNでは反陽子と反電子からできた反水素なる反物質が作られました。実際に反物質を作ることができたのです。

余談ですが、CERNには皆さんもかなりお世話になっているはずです。実はこのCERN、WWWの発祥の地でもあるのです。最初のホームページはCERNで作られたのです。

[*4] KEKとは、高エネルギー加速器研究機構の前身の1つである高エネルギー物理学研究所をローマ字表記した「**K**ou **E**nerugii Butsurigaku **K**enkyusho」からきている。

11.3 反物質の作り方、教えます

きれいならせんを描く物質と反物質

さて、反物質はどのようにして作ることができるのでしょう？　作り方はいろいろあるのですが、ここでちょっと「ロマンチックな」実験を紹介します。

図11.7は、昔よく使われた「泡箱」といわれる実験装置で得られた絵です。きれいならせんが描かれています。このきれいならせん、いったい何の図だと思いますか？

らせんを描く電子と陽電子

図 11.7　泡箱における素粒子の軌跡

実は、これは電子と陽電子が生まれている図なのです。電子と陽電子は電気が逆であることを反映して、逆向きに回っています。昔（主に1960年代まで）はこんなロマンチックな絵を解析して、素粒子を調べていたのです。

反物質の作り方

それでは、反物質の作り方をもう少し具体的に紹介しましょう。まずはポジトロン（陽電子）の作り方を紹介します。

Lesson 9と今回では、$E=mc^2$ により質量がエネルギーになる例をいくつか紹介してきました。しかし、質量がエネルギーになるだけではなく、

$$エネルギーから質量が生まれる$$

のです。とても大きなエネルギーがあると、$E=mc^2$ によって質量が生まれるのです。図11.8を見てみましょう。

エネルギーの大きな光から電子と陽電子が生まれる

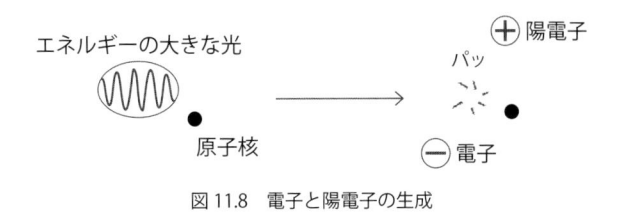

図11.8　電子と陽電子の生成

この図は

$$光（のエネルギー） \rightarrow 電子＋陽電子$$

という反応です。$E=mc^2$ により、光のエネルギー(E)が電子と陽電子の質量(m)になるわけです[*5]。新たな粒子と反粒子を生み出すほどの大きなエネルギーがあれば、$E=mc^2$ により新しく粒子と反粒子が生まれるのです。

よって、別に光でなくても莫大なエネルギーがあれば、$E=mc^2$ により新しい粒子と反粒子が生まれます。たとえば、先ほど紹介したアメリカのバークレーにある実験施設では、陽子を勢いよく金などの物質にぶつけて、そのときの衝撃で反陽子を作りました。

それでは、「反陽子爆弾」など、反物質を使った兵器を作ることはできるのでしょうか？　幸い、実際には反物質を兵器に使えるほど大量に作ることは不可能と指摘されています。

ここで1つ疑問がわいてきます。光などの大きなエネルギーを使って、$E=mc^2$ により何もないところから粒子と反粒子を作りました。しかし、粒子だけできたり反粒子だけできたりせずに、なぜ図11.8では粒子と反粒子がペアで現れたのでしょう？　それは次に紹介する「ディラックの海」にヒントが隠されています。

[*5]　細かいことをいえば、そばに原子核などほかの粒子が必要である。

11.3 反物質の作り方、教えます

ディラックの海と真空

アニメ「新世紀エヴァンゲリオン」[*6]では「ディラックの海」が登場します。

この「ディラックの海」を導入すると、先ほどの粒子と反粒子がペアで現れてくる理由が理解しやすくなるのです。量子論に大きな貢献をしたディラックという人が、量子論と特殊相対論を組み合わせたところ、不思議な解が出てきました。なんと「無数の負のエネルギーの解」が出てくるのです。

さて困りました。負のエネルギーが無数にあるということをどう解釈すればいいのでしょう？

ディラックは図11.9のように、

真空とは、負のエネルギーの電子が無数にすべて詰まったもの

と考えたのです。大胆な発想ですね。負のエネルギーの側にはすでに全部電子が詰まっているとしたので、普通の電子は負のエネルギーにはなれず、普通の正のエネルギーになるのです。

真空は負のエネルギーの電子が詰まっている

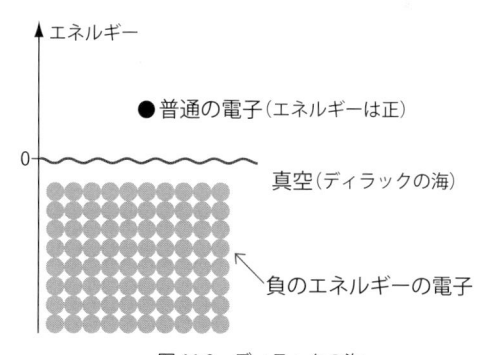

図 11.9 ディラックの海

ちょうど、ビー玉を箱のなかいっぱいに詰めたら、新しいビー玉を箱のなかに入れられないのと同じです。ディラックが真空と考えた、負のエネルギーの電子がすべて詰まった状態を「ディラックの海」ということがあります。

[*6] 庵野秀明監督「NEON GENESIS EVANGELION vol.04」（DVD）キングレコード（2003）

Lesson 11 ★「陽電子」「反陽子」の作り方、教えます

電子と陽電子がセットで生まれるわけ

　ディラックの海を使うと、粒子と反粒子の性質が非常にわかりやすく直感的に理解することができるようになります。

光のエネルギーで真空から電子が生まれ、真空の穴が陽電子となる

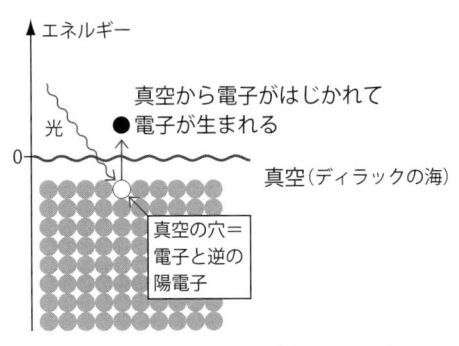

図11.10　電子と陽電子が生まれるわけ

■　電子の生まれ方

　図11.10のように、光などのエネルギーで、負のエネルギーの電子を正のエネルギーの側にはじいてやります。すると正エネルギーになるので、私たちは普通に電子を見ることができるのです。

■　陽電子の生まれ方

　それでは、ディラックの海のなかで、はじかれた電子の穴はどうなるのでしょう。この穴は

　　　　　　負のエネルギーの電子（電気はマイナス）が1個ない

状態になります。これは逆にいうと

　　　　　　正のエネルギーを持った何か（電気はプラス）が1個ある

ということになります。この「正のエネルギーを持った何か（電気はプラス）」が陽電子なのです。

このように、「ディラックの海」を考えると、電気が反対の粒子と反粒子が自然にセットで生まれるということが説明できるのです。つまり、ディラックの海で負のエネルギーの電子がはじかれると、はじかれたものが正のエネルギーの電子になり、はじかれたあとに残った穴が陽電子になるのです[*7]。ディラックは1933年にノーベル賞を受賞しています。

この予言のあと、1932年にアンダーソンが陽電子を発見し、その業績によりアンダーソンはヘスとともに1936年にノーベル賞を受賞しました。

11.4 実は身近にも反物質がある？

これまで、いくつかの反物質を紹介してきました。この反物質、実は皆さんの身近にもあるのです。たとえば今、皆さんの目の前にも反物質があります。どうです？反物質が見えますか？

目の前の反物質を知るためには、ミクロの世界の話がもう少し必要になります。そこで、ミクロの世界のことをさらに学びましょう。

すべての物体はいつも動いている？

Lesson 10では、1個の電子は確率の波であり、あっちにもこっちにもいることを紹介しました。このことは、言い換えると電子がどこにいるかは決まっていない（不確定、別の表現ではあいまい）といえます。このように、ミクロの世界では波の性質が目立ってきて、位置がゆらゆらと不確定になるのです。

[*7] ディラックの海についてもっと詳しく知りたい人は、猪木慶治、河合光著『量子力学 2』講談社サイエンティフィック（1994）などを参照してほしい。

ミクロの世界では位置は不確定

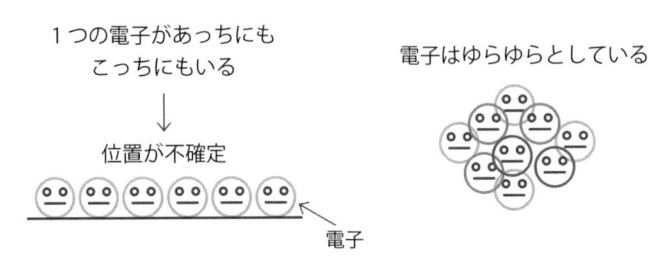

1つの電子があっちにも
こっちにもいる
↓
位置が不確定

電子はゆらゆらとしている

電子

図 11.11　位置は不確定でゆらゆらしている

　ミクロの世界で電子を見たら、ゆらゆらと動く魔球のようなイメージだと思えばいいでしょう*8。電子は波のため、止まることができないのです。ここからとても重要なことが結論とされています。Lesson 10で学んだように、すべての物質は電子のように確率の波でできているのでした。すると、

　　　　　すべてのものはいつも動いている（静止できない）

ということになるのです。なんか驚きですよね。

通り抜けの術？―トンネル効果と不確定性原理―

　不確定になるのは、実は位置だけではありません。ミクロの世界ではいろいろなものが不確定になります。たとえばエネルギーも不確定になります。
　エネルギーの場合は、時間が短くなると不確定になることが知られています。たとえば、電子は短時間であればエネルギーの不確定さが大きくなり、一時的に大きなエネルギーをとることができるのです。ここで、よく紹介される例を紹介しましょう。
　今、電子が箱のなかに閉じ込められているとします。電子にはそれほどエネルギーはなく、ゆっくり動いているとします。普通に考えると、電子は箱のなかに閉じ込められています。しかし、ミクロの世界ではエネルギーは不確定ですから、短時間ではエネルギーが大きくなることが可能です。その結果、電子はある確率で

---

*8　筆者が東京大学理学部物理学科2年のとき、ニュートン祭という物理学科のクリスマス会で先輩がこれを「不確定性原理魔球」と称して劇をやっていた。

箱をすり抜けて外に飛び出してしまうのです。

箱をすり抜ける電子　　　　**壁をすり抜ける？**

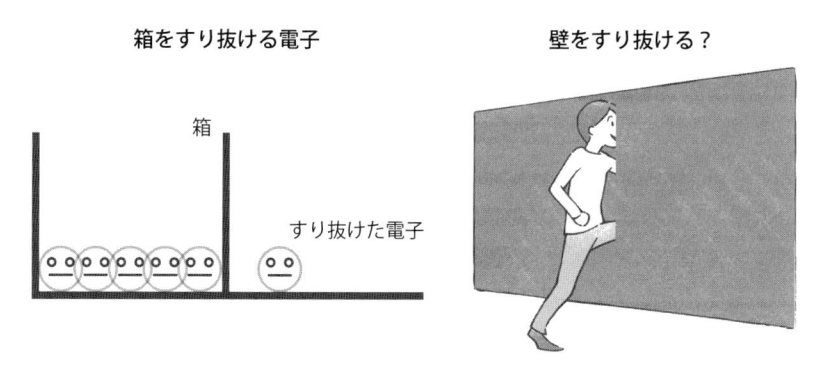

図 11.12　エネルギーの不確定性原理

　これは、あたかも見えないトンネルをくぐっているように見えるので、「トンネル効果」と呼ばれます。図11.12の右のような人間が壁をすり抜けることは現実にはまずありえませんが、ミクロの世界ではこのようなことが本当に起こっているのです。

　ここでは不確定になる例をいくつか紹介しましたが、これらを一般化したものが「不確定性原理」と呼ばれます[*9]。

不確定性原理で生まれる粒子と反粒子

　短時間ではエネルギーが大きくなることがあるのならば、私たちの身の回りにも一瞬ならば大きなエネルギーが存在します。どんどん時間を短くすると、その分どんどん大きなエネルギーになります。それではエネルギーが大きくなるとどうなるのでしょう？

　先ほど反物質の作り方のところで、大きなエネルギーが粒子と反粒子を作り出すことを紹介しました。そこで、非常に短い時間だけを考えると、エネルギーが電子と陽電子の質量分のエネルギー程度になり、何もないところから電子と陽電子が生まれるのです。

[*9] 式にすると、位置の不確定さ×運動量の不確定さ $\gtrsim \frac{h}{4\pi}$、エネルギーの不確定さ×時間の不確定さ $\gtrsim \frac{h}{4\pi}$ となる（$\gtrsim$ は「だいたい同じまたは大きい」という意味の記号）。ここで、h はプランク定数と呼ばれる定数。

しかし、この電子と陽電子はすぐに消えてしまいます。その寿命は10^{-22}秒程度です。つまり、0.0000000000000000000001秒程度です。本当にあっという間です。当然、人間の目には見えません。これらを仮想粒子、仮想反粒子といいます。でも、何もないと思われている私たちのそばで、ほんのわずかな時間の間だけ、電子と陽電子が生まれては消えているのです。

無から粒子と反粒子が生まれ、消えていく

何もないところから　　　粒子と反粒子が現れ　　　すぐに消えていく
　　　　　　　　　　　　　　($E=mc^2$)

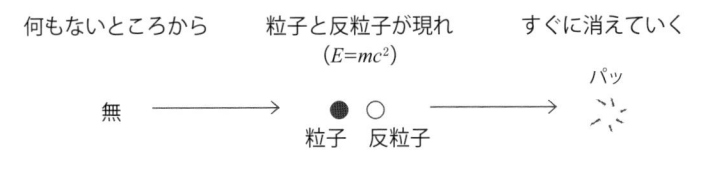

無　――→　● ○　――→　パッ
　　　　　 粒子 反粒子

図 11.13　不確定性原理で生まれる粒子と反粒子

column　20世紀の巨匠ダリの作品に大きな影響を与えた不確定性原理

　ときに科学は芸術に大きな影響を与えます。20世紀の芸術の巨匠ダリも科学に大きな影響を受けた1人です。ダリの有名な作品に「記憶の固執の崩壊」(1952〜54)という作品があります。そこでは、時計があたかもとけたチーズのように歪んでいます。このような歪んだ時計、今ではタイムマシンで時間旅行をするシーンなど、SF作品のなかでしばしば見ることができます。

　ダリは相対論だけでなく、量子論にも影響を受け、「原子核神秘主義」を考え出しました。その例が「生きている静物（静物−速い動き）」(1956)です。彼は、「すべての物体は絶えず運動している原子素粒子から成り立っている」という、不確定性原理に大きな影響を受けて、この作品を作りました。そこでは、ボトルもリンゴも包丁も静止することなく動いています。

　もしも読者の皆さんが作品を作る機会があったら、自然科学のフシギでロマンチックな側面を作品づくりに生かすというのもいいかもしれません。

Lesson 12

世界に終わりがあるの？

―科学の世界の黙示録―

フシギ度
★★★

ロマンチック度
★★★★

私たちの世界の未来はどんな世界になるのでしょう？

私たちの宇宙は、約138億年前のビッグバンによってはじまり、
その後、膨張していることを学びました。
それでは宇宙は将来どうなるのでしょう？
これからも膨張を続けるのでしょうか？
それとも、小さくなってつぶれてしまうのでしょうか？
もしも宇宙が小さくなってつぶれてしまうとしたら、
皆さんはどうしますか？
このLessonでは私たちの世界の未来について学んでいきましょう。

Lesson 12 ★ 世界に終わりがあるの？

12.1 黙示録

私たちの世界の未来はどうなる？

　今回は、私たちの世界の未来について考えてみます。これまでに皆さんは、次のようなことを考えたことはないでしょうか？

私たちの世界の将来はどうなるの？
たとえば、この地球は将来どうなってしまうの？
太陽は将来どうなってしまうの？
この美しい星空は永遠に見えるの？
この宇宙は将来どうなるの？

　この世界のはじめを物語る創世記が世界中の神話にあるように、この世界の行く末についても世界各地で考えられてきました。

弥勒菩薩に見る 56 億 7000 万年後の未来

　この世界の未来についてのそんな想いの一端は、たとえば日本のお寺で見ることができます。日本のお寺のなかには、「弥勒菩薩」という仏像があるところがあります。広隆寺の弥勒菩薩像がよく知られています。これは国宝にも指定されており、大変美しく日本の有名な仏教彫刻の1つとなっています。

　さて、この「弥勒菩薩」ですが、釈迦のあとを補う未来の仏とされています。そして釈迦滅後、なんと 56 億 7000 万年たったあと、この世に下り、衆生を救うとされています。

　現在はまだ 21 世紀です。56 億 7000 万年後はなんと約 5670 万世紀になります[1]。こう考えると、「56 億 7000 万年後」は想像もできないほどの遠い未来であることがわかります。こんなふうに仏教のなかには、途方もない未来にまで想いをはせた考

---

[1] 釈迦が亡くなったのは紀元前 383 年頃（紀元前 4 世紀）とされているが、誤差の範囲内である。

え方もあるのです。

ヨハネの黙示録

　もう1つ例をあげましょう。新約聖書の巻末には『ヨハネの黙示録』があります。旧約聖書は創世記ではじまり、新約聖書は黙示録で終わるのです。そこではキリストの再臨、神の国の到来、地上の王国の滅亡などが預言されています[*2]。

科学の世界の未来

　以上、2つの例を紹介しました。このように私たち人類には、自分の世界の成り立ちを知りたいという想いだけでなく、自分の世界の未来を知りたいという想いが根源にはあるのかもしれません。

　さて、科学の世界では、私たちの世界の未来はどのようになると考えているのでしょうか？　そのことを考えるために、このLessonでは私たちの地球と太陽、銀河、宇宙の将来について考えてみましょう。

12.2　科学の世界の黙示録

地球と太陽

　まず最初は、私たちの地球と太陽の将来を考えてみましょう。地球は太陽の影響を大きく受けているので、太陽の将来が地球の将来をほぼ決めてしまいます。そこで、太陽の将来について調べてみましょう。

燃え尽きる太陽

　私たちの太陽は、これからも永遠に輝くのでしょうか？　Lesson 5で紹介したように、星は新しい元素が作られるときのエネルギーで輝くのでした。そして太陽の

[*2] 『明鏡国語辞典』大修館書店より

場合は、主に水素からヘリウムが作られるときのエネルギーで輝いているのでした。

つまり、水素は太陽を輝かせる燃料に相当するわけです。しかしながら、太陽が輝くにつれて水素が使われてしまうため、水素はどんどん減っていきます。それでは私たちの太陽は、あとどれくらい輝き続けるのでしょう？

Lesson 5では、太陽の8倍以上の質量を持つ星が最後に超新星（スーパーノバ）と呼ばれる大爆発を起こすことを紹介しました。しかし太陽は、このような超新星爆発を起こさないと考えられています。実は、星はその質量によって一生が大きく変わってくるのです。太陽は超新星爆発を起こす代わりに、以下のような一生を送ると考えられています。

昼間でも真っ赤な太陽

私たちの太陽は、あと約50億年は輝き続けるでしょう[*3]。しかし、そのあとは太陽の中心の水素が燃え尽き、中心はヘリウムばかりになります。そして中心付近[*4]の温度が上がり、太陽は全体として膨らんでいきます。膨張するため星の表面温度は下がり、Lesson 7で紹介したように温度が下がるので赤っぽくなり、赤色巨星と呼ばれる星になるのです。その結果、私たちの太陽は白くなくなってしまいます。その頃の太陽は赤くなっているのです。昼間に空を見上げても赤い太陽があるのです。

水星、金星をのみ込んでしまう太陽

さて、太陽が膨らむと書きましたが、どれくらい膨らむのでしょう？　太陽はどんどん大きくなって200倍くらい大きくなると考えられています。このとき、水星と金星をのみ込んでしまうと考えられているのです。その頃は空を見上げても水星と金星は見えず、巨大な太陽が見えるでしょう。

それでは地球はどうなるのでしょう？　2つの説があります。1つは、太陽が大きくなって地球をのみ込むとする説です。もう1つは、地球は太陽にのみ込まれないが、太陽が巨大化するにつれて海は蒸発し、大気も吹き飛ばされてしまうという説です。まさに灼熱地獄です。

[*3] 細かい値は文献により多少異なる。
[*4] ヘリウム核

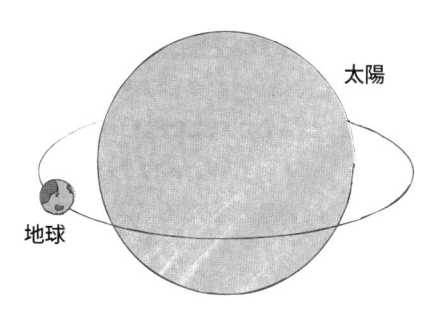

水星、金星は太陽にのみ込まれる

図 12.1　地球と赤く大きくなった太陽

太陽の最後、白色矮星

　赤色巨星になった太陽は最終的にどうなるのでしょう？　赤色巨星となった太陽は、最終的に「白色矮星」と呼ばれる小さな星になると考えられています。

　白色矮星とは何でしょう？　身近な白色矮星はシリウスの伴星です。この星は、Lesson 1でも出てきた冬の星座のなかの有名な星、シリウス（主星）のそばにある暗い星です。シリウスの伴星は太陽と同じくらいの質量でありながら、半径は地球くらいの大きさしかないのです。これはものすごい密度の星で、その密度は角砂糖程度の大きさで1tくらいの重さがあるとされています。

　太陽は、このシリウスの伴星のような白色矮星になると考えられているのです。そのあとは、ゆっくりと冷えていきます。

　このように、今私たちが見ている生命の源、太陽は永遠の存在ではないのです。そして、この青く美しい地球も永遠の存在ではないのです。

銀河系の将来

　Lesson 1では『銀河鉄道の夜』の話をしました。そこでは、銀河鉄道が天の川に沿って旅をすること、そして、この天の川が「銀河系」と呼ばれる星の集まりからできていて、私たちの太陽もこの銀河系の星の1つであることを紹介しました。

　それでは、この私たちの銀河系は将来どうなってしまうのでしょう？

　Lesson 1でも紹介しましたが、私たちの銀河系のそばに「アンドロメダ銀河」という美しい銀河があります。このアンドロメダ銀河は地球から2.18×10^{22}mも離れたすごく遠いところにあります。

このアンドロメダ銀河、とても遠いところにあるので、私たちの銀河系とは何の関係もないと思うかもしれません。しかし実は、このアンドロメダ銀河、将来は私たちの銀河と大きく関係してくると考えられているのです。

アンドロメダ銀河を詳しく調べてみると、なんと、このアンドロメダ銀河は私たちに近づいてきているのです。アンドロメダ銀河は1秒当たり120kmも地球に近づいているとする文献もあります[*5]。

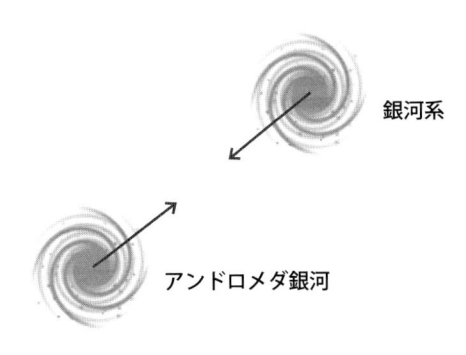

図12.2　アンドロメダ銀河と銀河系は近づいている

そして数十億年もすると、なんとアンドロメダ銀河は私たちの銀河系と衝突するとする予測もあります。そして、アンドロメダ銀河と私たちの銀河系が合体する可能性もあるのです。もしもアンドロメダ銀河と銀河系が衝突したら、その頃の星空は、今の地球から見える星空とはまったく違うものになっていることでしょう。

天の川を通じて見える私たちの銀河系。銀河系ですらも永遠ではないのです。

宇宙の将来

それでは、私たちの宇宙は将来どうなるのでしょうか？　宇宙の未来を知るためには、Lesson 4で出てきたアインシュタイン方程式が手がかりになります。アインシュタイン方程式は宇宙の過去のことがわかるので、同じようにして未来のこともわかるのです。

このアインシュタイン方程式を使って、いろいろな人によってさまざまな宇宙の様子が調べられました。ここではそのなかの1つ、フリードマンの仕事を紹介しま

[*5]　吉田直紀著『宇宙137億年解読』東京大学出版会（2009）より

しょう。1922年、フリードマンは宇宙項のない（宇宙定数 $\Lambda = 0$）アインシュタイン方程式を使って、ある条件のもとで宇宙の将来を調べてみました。

その結果は、「宇宙のかたち（正確には曲率）」によって宇宙の未来が分けられるというものでした。では、「宇宙のかたち（曲率）」とはいったい何なのでしょう？

宇宙の果て

この「宇宙のかたち（曲率）」に関して、おもしろい話題があります。皆さんは

宇宙の果て

というものを考えたことがあるでしょうか？「子どもの頃に考えたことはあるけれど、考えれば考えるほど何が何だかわからなくなった」という経験、誰にでもあるのではないでしょうか。

さて、あのアインシュタインは結果的に「宇宙は有限であっても果てはない」モデルを考えました。そんなことが可能なのでしょうか？

ここで、図12.3に示すように、宇宙があたかも地球の表面のような3次元の球であったとします。たとえば、日本から東にずっと進んでいくと、地球をひと回りして戻ってきてしまいます。つまり、「地球の果て」というようなところはなく、地球は有限なのに果てがないのです。宇宙もこのように考えれば、「宇宙の果てはない」ということになります。

宇宙が球のようなら果てはない

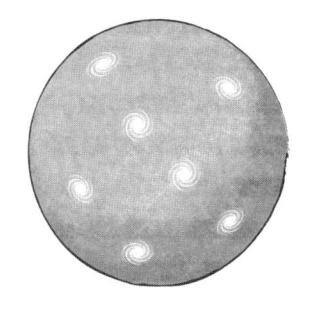

図12.3　有限なのに果てのない宇宙

宇宙のかたち（曲率）と宇宙の果て

ただしこれは1つの可能性であって、宇宙のかたち（曲率）として、図12.4のような3つのタイプが考えられました（この図は宇宙のかたち（曲率）を2次元で表したものです。ここでは図を見て、こんな感じと理解しておけば大丈夫です）。

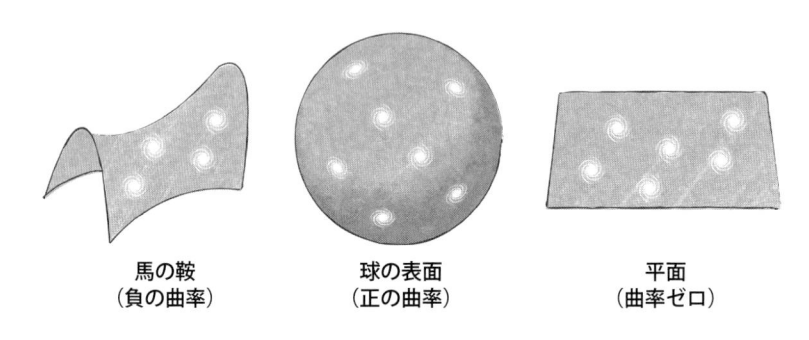

馬の鞍
（負の曲率）

球の表面
（正の曲率）

平面
（曲率ゼロ）

図12.4　宇宙のいろいろなかたち（曲率）

1つは図12.4のまんなかに相当するもので、先ほど紹介した球の表面のような宇宙です。これを「正の曲率の宇宙」といいます。この場合、先ほど紹介したように「宇宙は有限であるが果てはない」となります。もう1つは、図12.4の右に相当する曲率がゼロの平坦な宇宙です。これは平面的で、球の表面とは違って無限に広がった宇宙になります。さらにもう1つは、図12.4の左に相当する「負の曲率の宇宙」と呼ばれる、馬の鞍のようなかたちをした宇宙です。この宇宙も無限に広がった宇宙になります。そして、宇宙のかたち（曲率）の3つのタイプによって、以下のように宇宙の未来が変わるモデルが考えられました。

宇宙の3つの未来

■ 正の曲率の宇宙と閉じた宇宙

まず、「正の曲率の宇宙」のときの宇宙の未来を紹介します。

このモデルでは、現在、宇宙は膨張しているが、将来ある段階で宇宙の膨張が終わり、今度はだんだん宇宙が小さくなっていくと考えられています。この宇宙は「閉じた宇宙」ともいわれます。

図12.5の左にその様子を示しています。宇宙のはじまりはビッグバンであることをLesson 4で紹介しましたが、小さくなった最後はビッグクランチと呼ばれます。

12.2 科学の世界の黙示録

膨張後、縮みはじめる宇宙
（正の曲率）

ビッグクランチ →

ビッグバン →

膨張し続ける宇宙
（負もしくはゼロの曲率）

↑ 時間
← 現在

← ビッグバン

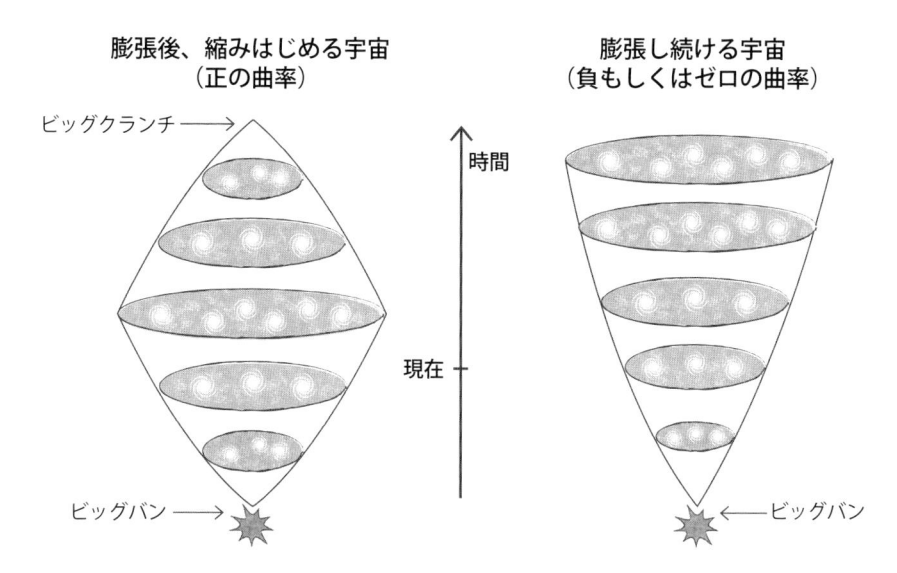

図12.5 「フリードマンの宇宙モデル」による宇宙の未来

風船を膨らまして、途中で空気を抜いて風船を小さくしていく様子と少し似ていますね。

■ 負の曲率、曲率ゼロの宇宙と開いた宇宙

残りは、宇宙の曲率がゼロもしくは負のときです。このときは、負の曲率の場合のほうがゼロの曲率の場合よりも宇宙はより膨張するなどの多少の違いはありますが、基本的にはどちらも宇宙は永遠に膨張し大きくなり続けます。これらの宇宙は「開いた宇宙」ともいわれます。

そこで、図12.5の右に「膨張し続ける宇宙」として1つにまとめて描いてあります。

以上が「フリードマンの宇宙モデル」といわれるモデルです。これは、宇宙は将来小さくなっていくか、もしくは膨張し続けるというモデルです。それでは、現在では、私たちの宇宙はどうなっていくと考えられているのでしょう。

12.3 宇宙はどんどん加速膨張している

加速膨張する宇宙

1998年、パールミュッターをリーダーとする「超新星宇宙論プロジェクトチーム」は超新星の観測などから、将来の宇宙に対するこれまでの考えを大きく覆す結果を発表します。

なんと彼らは観測結果から、「宇宙は加速度的に膨張している」と主張したのです。この結果は、ほぼ同時期に発表されたオーストラリアのマウントストロム天文台のB.シュミットをリーダーとする「高赤方偏移超新星探査チーム」の結論と同じです。

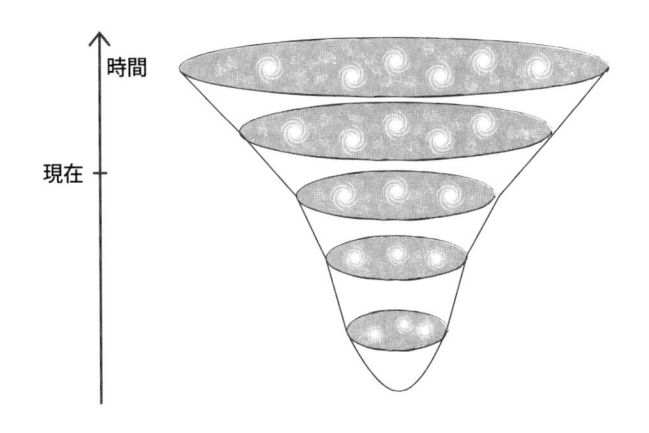

図12.6 宇宙は加速膨張している

それまでは、宇宙は膨張しているものの、物質の重力によって減速していると考えられていました。しかしながら、彼らが示した宇宙の未来像はこれとは異なり、また先ほどの「フリードマンの宇宙モデル」のいずれともまったく違うものでした。

アインシュタインの宇宙項の復活

　ここで、あのアインシュタインがまた登場します。アインシュタインは、宇宙を永遠不変にするためにアインシュタイン方程式に宇宙項を加えたことを「生涯最大の過ち」といい、宇宙項を入れる必要はなかったとした、というエピソードをLesson 4で紹介しました。
　この宇宙項は、宇宙項にある宇宙定数の値を調整することによって、宇宙を膨らませたり縮ませたり永遠不変にすることもできる、便利な項なのです。

$$R_{\mu v} - \frac{1}{2} R g_{\mu v} + \underbrace{\Lambda g_{\mu v}}_{\text{宇宙項}} = \frac{8\pi G}{c^4} T_{\mu v}$$

アインシュタインの宇宙項が復活！

図 12.7　宇宙項の復活

　もしも宇宙が加速度的に膨張しているのなら、宇宙定数を調整して宇宙を加速膨張させることもできるのです。そしてパールミュッターらは、この宇宙項が99%の確率で存在する（$\Lambda > 0$）と主張したのです。つまり、アインシュタインが「生涯最大の過ち」として撤回した宇宙項の復活を宣言したことになります。
　今頃、アインシュタインも天国でほっと胸をなでおろしているかもしれませんね。

空っぽで暗黒の宇宙

　宇宙が加速膨張しているとしたとき、宇宙の未来はどうなるのでしょう。ここでは星と銀河の未来の話をします。
　宇宙が（加速）膨張しているとすると、多くの銀河間の距離はどんどん遠ざかってしまいます。そして銀河の周りには、何もない空間が広がっているでしょう。最終的には夜空を見上げても銀河が何も見えないようになり、銀河が宇宙の孤島の

ようになると考えられています。

暗黒の大宇宙に浮かぶ孤島のような銀河

銀河

図12.8　空っぽで暗黒の宇宙

　宇宙が加速膨張するだけでなく、星の燃料も時間がたつとともに終わりを迎えます。星は水素などの元素が核反応を起こして輝いています。太陽も、水素が核反応を起こして輝いています。
　しかし、宇宙に水素が無限にあるわけではありません。水素などが核反応を起こし続けて燃え尽きてしまうと、星を燃やす元素がなくなってしまいます。そうすると星はもう輝くことができないのです。はるか将来、星を輝かせる元素がなくなると、あたりは真っ暗な世界になるでしょう。
　星もなく、あたりに何もない暗黒の広大な空間が広がる未来の宇宙。とても寂しい未来の宇宙ですね。

今は宇宙で最も素晴らしい時代？

　このように、私たちの世界は将来、人間にとって住みにくい世界になっていきます。一方、ビッグバンの頃はとても人間が住めるような環境ではありませんでした。
　パールミュッターは「私たちはいちばんいい時期に生まれ合わせた」といっています[6]。なんともすばらしい偶然で、私たちは今、この美しい地球に生きているのです。

---

[6]「NHKスペシャル 宇宙 未知への大紀行 第8集 宇宙に終わりはあるのか」(DVD) NHKエンタープライズ21 (2002)

12.4 真空は空っぽではない？

さて、宇宙項が実際に存在するとして、その正体は何なのでしょう？　パールミュッターらのグループは宇宙の加速膨張を「真空のエネルギー」の立場から解析しました。

真空のエネルギー？？？

と思うかもしれません。真の空と書いて真空と読みます。真空には何もないはずです。何もないのに、なぜエネルギーが存在するのでしょう？

この真空のエネルギーの正体はよくわかっていません。ここでは、真空とは何なのかということを考えるために、「真空は空っぽでない」ということを紹介しましょう。

Lesson 11の201ページの「不確定性原理で生まれる粒子と反粒子」の話を思い出してみましょう。そこでは、「不確定性原理」によって、短い時間であれば何もないところからエネルギーができることを紹介しました。すると、エネルギーが十分にあれば粒子（と反粒子）が生まれることができます。ただし、これらの粒子（と反粒子）は互いに衝突してすぐに消えてしまいます。

真空で生まれては消える粒子と反粒子

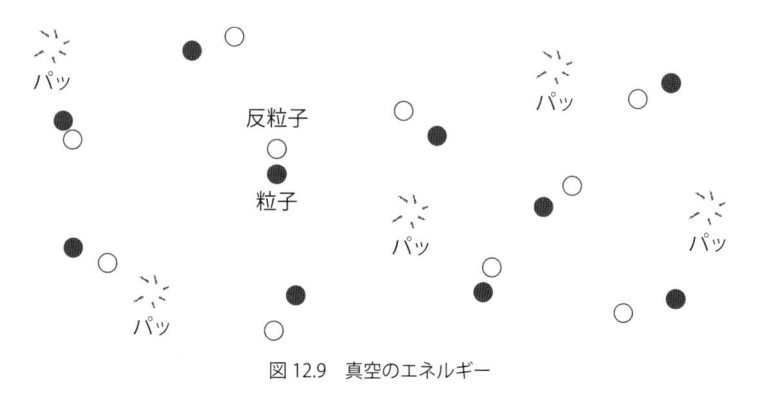

図 12.9　真空のエネルギー

Lesson 12 ★ 世界に終わりがあるの？

このように真空は、いつも何かが生まれては消えている、にぎやかな世界なのです。

宇宙の正体は 95% 闇である

さて、私たちの宇宙の将来に大きくかかわる「真空のエネルギー」ですが、すでに指摘したように、その正体はよくわかっていません。私たちの宇宙には、このようにまだわからないものがたくさんあるのです。それでは、私たちはどれくらい宇宙のことがわかっているのでしょう？

このことについて最近、興味深い観測結果が出ています。

図12.10は、プランクと呼ばれる衛星が観測した結果を1つのグラフにしたものです。ここには宇宙の組成についてのグラフが描かれています[*7]。

宇宙の組成の 95%は闇（暗黒）

バリオン（陽子、中性子など）5%
暗黒物質 27%
暗黒エネルギー 68%

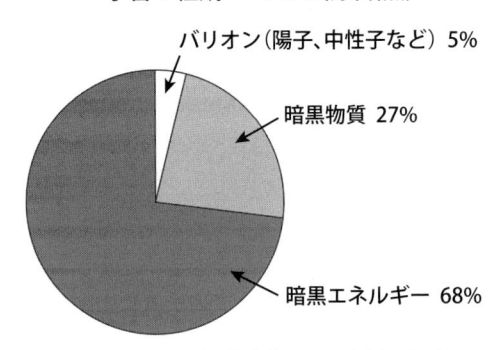

図 12.10　宇宙の組成（プランクの観測による）

このグラフを見ると、

- バリオン（陽子、中性子など）　　5%
- 暗黒物質　　27%
- 暗黒エネルギー　　68%

となっています。図12.10で「バリオン」と書かれているものは、陽子や中性子な

[*7] 簡単にするため、誤差、小数点の値は省略している。値は『平成26年版理科年表』より。

どの総称です。炭素、酸素、水素などの身の回りの原子は、基本的に陽子や中性子など（バリオン）でできています[*8]。地球、太陽、星など、この世界の物質は基本的に原子でできているので、やはり陽子や中性子など（バリオン）からできているといえます。このため、普通に考えると、宇宙の組成の大部分は原子、つまり陽子や中性子などのバリオンと考えられるのです。

しかし図12.10を見ると、陽子や中性子などのバリオンはたったの5%しかありません。残りは暗黒物質とか暗黒エネルギーという、何やらSFの世界に出てきそうな名前のものになっています。これらの正体はいったい何なのでしょう？

実は、その正体は謎なのです。しかも暗黒物質は実際にまだ見ることができていません。これらの事情もあって「暗黒」と名前がつけられているのです。暗黒は英語でいうと「dark」です。暗黒物質は正体不明の物質、暗黒エネルギーは正体不明のエネルギーなのです。

この正体不明の暗黒物質27%と暗黒エネルギー68%を合わせると95%にもなります。つまり、この宇宙には正体のわからない95%の暗黒物質と暗黒エネルギーがあると考えられているのです。そういう意味で、

　　　　　私たちの宇宙の正体（組成）は95%がわからない闇でできている

ともいえるのです。

暗黒エネルギーと宇宙の未来

この正体不明の闇は、宇宙の未来にとってとても重要な役割を担っています。たとえば、暗黒エネルギーは「宇宙を満たし、空間を押し広げ、宇宙を加速膨張させる正体不明のエネルギー」と考えられています。その暗黒エネルギーが図12.10のように宇宙の68%を占めているのです。暗黒エネルギーは真空のエネルギーのより一般的な名前です。しかし、真空のエネルギーですらも、先ほど紹介したようによくわかっていません。

この暗黒エネルギーについての知識が深まれば、私たちの宇宙の未来のことなど、宇宙のことがもっといろいろわかるでしょう。

[*8] 原子のなかにある電子はバリオンではない。ただし、原子の質量のほとんどは陽子や中性子などのバリオンによるものなので、ここでは電子を無視している。

参考文献

- 宮沢賢治 著『銀河鉄道の夜』角川文庫 (1969)
- 藤井旭 著『星空図鑑』ポプラ社 (2003)
- 「ステラナビゲータ Ver.8」(天体シミュレーションソフトウェア) アストロアーツ
- 祖父江義明、有本信雄、家正則 編『シリーズ現代の天文学 銀河II』日本評論社 (2007)
- デビッド・フィルキン 著／佐藤勝彦 監修『スティーブン・ホーキングの宇宙』ニュートンプレス (1999)
- 「Mitaka」(ソフトウェア) 国立天文台
- 川合光 著『はじめての＜超ひも理論＞』講談社現代新書 (2005)
- チャールズ＆レイ・イームズ 監督「EAMES FILMS：チャールズ＆レイ・イームズの映像世界」(DVD) パイオニアLDC (2001)
- フィリス・モリソン、フィリップ・モリソン、チャールズおよびレイ・イームズ事務所 著／村上陽一郎、村上公子 訳『パワーズ オブ テン──宇宙・人間・素粒子をめぐる大きさの旅』日経サイエンス (1983)
- 手塚治虫 著／福江純 解説『手塚治虫の理科教室』いそっぷ社 (2009)
- 手塚治虫 著『火の鳥 2 未来編』朝日新聞出版 (2009)
- 斎藤文一 文／武田康男 写真『空の色と光の図鑑』草思社 (1995)
- ジョン・パーネット 編／川口弘一、平啓介 訳『世界 海の百科図鑑』東洋書林 (2004)
- 長倉三郎、井口洋夫、江沢洋、岩村秀、佐藤文隆、久保亮五 編集『岩波理化学辞典 第5版』岩波書店 (1998)
- アリス・カラプリス 編／林一 訳『アインシュタインは語る』大月書店 (2006)
- 須藤靖 著『一般相対論入門』日本評論社 (2005)
- 佐藤勝彦 著『宇宙「96%の謎」』実業之日本社 (2003)
- 佐藤勝彦 著『アインシュタインの宇宙』角川ソフィア文庫 (2009)
- 二間瀬敏史 著『なっとくする宇宙論』講談社 (1998)
- 佐藤勝彦、二間瀬敏史 編『シリーズ現代の天文学 宇宙論I』日本評論社 (2008)

参考文献

- 二間瀬敏史、池内了、千葉柾司 編『シリーズ現代の天文学 宇宙論II』日本評論社（2007）
- S. ワインバーグ 著／小尾信彌 訳『宇宙創成はじめの三分間』ダイヤモンド社（1977）
- 井上靖、高階秀爾 編『世界の名画10 ゴーギャン』中央公論社（1972）
- ジョセフ・シルク 著／戎崎俊一 訳『SAライブラリー17 宇宙創世記—ビッグバン・ゆらぎ・暗黒物質』東京化学同人（1996）
- 『Newton別冊 完全図解 周期表』ニュートンプレス（2007）
- 岡村定矩、池内了、海部宣男、佐藤勝彦、永原裕子 編『シリーズ現代の天文学 人類の住む宇宙』日本評論社（2007）
- 野本憲一、定金晃三、佐藤勝彦 編『シリーズ現代の天文学 恒星』日本評論社（2009）
- 原恵、渡部潤一 執筆『Newtonムック 銀河宇宙のふしぎ』ニュートンプレス（2004）
- 『Newtonムック 太陽と恒星』ニュートンプレス（2008）
- 『21世紀子ども百科 科学館』小学館（1998）
- 中嶋浩一 著『天文学入門—星とは何か』丸善株式会社（2009）
- 嶺重慎、小久保英一郎 編著『宇宙と生命の起源—ビッグバンから人類誕生まで』岩波ジュニア新書（2004）
- 『天文年鑑 2010年版』誠文堂新光社（2010）
- 『聖書（新共同訳）』日本聖書協会（2009）
- 『Newton別冊 よくわかる地球の科学』ニュートンプレス（2008）
- 上出洋介 著『オーロラウォッチングガイド（楽学ブックス 自然1）』JTBパブリッシング（2008）
- 『理科年表 平成22年版』丸善株式会社（2009）
- 赤祖父俊一 著『オーロラへの招待—地球と太陽が演じるドラマ』中公新書（1995）
- 細谷政夫、細谷文夫 著『花火の科学』東海大学出版会（1999）
- 吉田忠雄、丁大玉 著『花火学入門』プレアデス出版（2006）

- 粟野諭美、田島由起子、田鍋和仁、乗本祐慈、福江純 著『マルチメディア 宇宙スペクトル博物館〈可視光 編〉天空からの虹色の便り』裳華房 (2001)
- 米山忠興 著『教養のための天文学講義』丸善株式会社 (1998)
- 太田登 著『色彩工学』東京電機大学出版会 (1993)
- ファインマン、レイトン、サンズ 著／富山小太郎 訳『ファインマン物理学 II 光・熱・波動』岩波書店 (1986)
- 財団法人日本色彩研究所 編『色彩科学入門』日本色研事業株式会社 (2000)
- 竹内薫 著『夜の物理学』インデックス・コミュニケーションズ (2005)
- 筒井康隆 著『時をかける少女〈新装版〉』角川文庫 (2006)
- 「映画ドラえもん のび太の恐竜」(DVD) 藤子・F・不二雄 原作、ポニーキャニオン (2001)
- 『Newton (2004年10月号)』ニュートンプレス (2004)
- 『Newtonムック 相対性理論 2001 大改訂』ニュートンプレス (2001)
- B. F. シュッツ 著／江里口良治、二間瀬敏史 訳『シュッツ相対論入門 上 特殊相対論』丸善株式会社 (1988)
- A. P. フレンチ 著／平松惇 監訳『MIT物理 特殊相対性理論』培風館 (1991)
- J. G. テイラー 著／森健寿、石原武 訳『オックスフォード物理学シリーズ10 特殊相対論』丸善株式会社 (1977)
- W. グライナー 著／伊藤伸泰、早野龍五 監訳『グライナー物理テキストシリーズ 量子力学概論』シュプリンガー・フェアラーク東京 (2000)
- 和田純夫 著『なっとくする量子力学の疑問55』講談社サイエンティフィック (2009)
- 猪木慶治、河合光 著『基礎量子力学』講談社サイエンティフィック (2007)
- 猪木慶治、河合光 著『量子力学 2』講談社サイエンティフィック (1994)
- 『物理学辞典 (改訂版)』培風館 (1992)
- 浦澤直樹、スタジオ・ナッツ 著『21世紀少年』小学館 (2007)
- アダム・ロウ 監督「SALVADOR DALI」(DVD) ナウオンメディア (2004)
- 岡村多佳夫 監修『ダリ生誕100年記念回顧展』朝日新聞社、フジテレビジョン (2006)

参考文献

- 庵野秀明 監督「NEON GENESIS EVANGELION vol.02」(DVD) キングレコード (2003)
- 庵野秀明 監督「NEON GENESIS EVANGELION vol.04」(DVD) キングレコード (2003)
- 吉田直紀 著『宇宙137億年解読』東京大学出版会 (2009)
- 『Newtonムック 太陽と恒星』ニュートンプレス (2008)
- 「NHKスペシャル 宇宙 未知への大紀行 第8集 宇宙に終わりはあるのか」(DVD) NHKエンタープライズ21 (2002)

索引

記号・数字

αβγ理論 ……………………………… 87
γ（ガンマ）線 ………………………… 45
『21世紀少年』 ……………………… 190

C

CERN（欧州原子核研究機構）……… 194
CMYK …………………………………… 58

E

$E=mc^2$ ……………………………… 61
　核分裂と〜 ………………………… 157
　原子爆弾と〜 ……………………… 154
　質量とエネルギー ………………… 154
　性質 ………………………………… 165
　太陽が輝くわけ …………………… 158
　反物質と〜 ………………………… 193

J

J（ジュール）………………………… 155
　cal（カロリー）と〜 ……………… 156

K

K（ケルビン）………………………… 121
KEK（高エネルギー加速器研究機構）… 194

R

rプロセス ……………………………… 93

S

sプロセス ……………………………… 92

W

『W3（ワンダースリー）』………… 190

X

X線 ……………………………………… 45

ア

アームストロング船長 ……………… 47

アインシュタイン
　$E=mc^2$ ………………… 61, 154, 165
　アインシュタイン方程式 ………… 63
　一般相対論 ………………………… 63
　宇宙の果て ………………………… 209
　宇宙は永遠不変？ ………………… 60
　原子爆弾と〜 ……………………… 154
　光速と時空 ………………………… 62
　光量子仮説 ………………………… 105
　生涯最大の過ち …………………… 68
　特殊相対論 ………………………… 61
　量子論と〜 ………………………… 180
アインシュタイン方程式（宇宙方程式）… 63
　宇宙項 ………………… 65, 209, 213
　宇宙定数Λ ………………………… 65
　宇宙の将来 ………………………… 208
アトム ………………………………… 22
アナログテレビ（ビッグバンの名残）… 133
アポロ計画 …………………………… 45
天の川 …………………………………… 2
　『銀河鉄道の夜』と〜 ……………… 2
　正体 …………………………………… 4
　星座 ………………………………… 15
天の川銀河 ……………………………… 4
アルタイル …………………………… 8, 9
αβγ理論 ……………………………… 87
泡箱 …………………………………… 195
暗黒エネルギー ……………………… 217
暗黒星雲 ……………………………… 12
暗黒物質 ……………………………… 217
アンダーソン ………………………… 199
アンタレス …………………………… 10
　赤いわけ …………………………… 131
　色 …………………………… 119, 122
　表面温度 …………………………… 122
アンドロメダ銀河 ………… 5, 28, 208
　銀河系と〜 ………………………… 208

イ

一般相対論 …………………………… 63

索引

色
 アインシュタイン方程式 ………… 63
 CMYK ……………………………… 58
 色が見えるしくみ ………………… 57
 温度と〜 …………………………… 122
 温度によって変わるわけ ………… 129
 混色 ………………………………… 58
 三原色 ……………………………… 58
 光の波長と〜 ……………………… 44
 光の波長と温度と〜 ……………… 129
色温度 ………………………………… 124
 黒体放射 …………………………… 69
 身近な例 …………………………… 125
インフレーション宇宙 …………… 37, 70

ウ

ウィルソン(ロバート) ……………… 132
宇宙
 アインシュタイン方程式 …… 63, 208
 暗黒エネルギー …………………… 217
 暗黒物質 …………………………… 217
 インフレーション宇宙 ……… 37, 70
 ウロボロスと〜 …………………… 37
 永遠不変? ………………………… 60
 大きさ ……………………………… 28
 加速膨張する宇宙 ………………… 212
 かたち ……………………………… 209
 空っぽで暗黒の宇宙 ……………… 213
 曲率 ………………………………… 209
 子宇宙 ……………………………… 71
 将来 …………………………… 208, 213
 創世記 ……………………………… 68
 相対論と〜 ………………………… 60
 組成 ………………………………… 216
 閉じた宇宙 ………………………… 210
 バリオン …………………………… 216
 ビッグバン ………………………… 69
 火の玉宇宙 ………………………… 69
 開いた宇宙 ………………………… 211
 膨張する宇宙 ………………… 66, 211
 孫宇宙 ……………………………… 71
 無から生まれる宇宙 ……………… 72
 無境界仮説 ………………………… 73
 量子宇宙 …………………………… 72

 歴史 …………………………… 36, 74
宇宙項 ………………………………… 65
 アインシュタイン生涯最大の過ち … 68
 復活 ………………………………… 213
宇宙定数Λ …………………………… 65
宇宙の果て …………………………… 209
 宇宙の大きさと〜 ………………… 28
 宇宙のかたちと〜 ………………… 210
 曲率と〜 …………………………… 210
 果てのない宇宙 …………………… 209
 昔の考え …………………………… 22
宇宙方程式(アインシュタイン方程式) … 63
海が青いわけ ………………………… 56
ウランの原子核分裂 ………………… 157
ウルル(エアーズロック) …………… 14
ウロボロス …………………………… 37
運動量 ………………………………… 163
 質量と〜 …………………………… 164
 人によって変わる ………………… 165

エ

エアーズロック(ウルル) …………… 14
エネルギー
 J(ジュール) ……………………… 155
 核分裂と〜 ………………………… 157
 原子と〜 …………………………… 107
 光子と〜 …………………………… 106
 質量と〜 ………………… 61, 155, 195
 真空と〜 …………………………… 215
 電子と〜 …………………………… 107
 特殊相対論 ………………………… 61
 人によって変わる ………………… 165
 光の波長と〜 ……………………… 104
 陽電子の作り方 …………………… 196
エバレット …………………………… 185
炎色反応 ……………………………… 102

オ

欧州原子核研究機構(CERN) ……… 194
オールトの雲 ………………………… 26
オーロラ
 鮮やかなわけ ……………………… 100
 色 …………………………………… 100
 色と高度 …………………………… 113

生まれ方	111	曲率	209
オーロラ帯	99	宇宙の果てと〜	210
写真(アラスカ・フェアバンクス)	98	曲率ゼロ	210, 211
写真の撮り方	114	正の曲率	210
出現する高度	24	負の曲率	210, 211
太陽活動と〜	113	銀河	28
太陽と〜	110	銀河群	28
見える地域	99	銀河系と〜	4
惑星と〜	114	銀河団	28
お地球見	48	将来	213
オリオン座	15	超銀河団	28
星の色	119	銀河群	28
おり姫星	9	銀河系	4, 208
温度		アンドロメダ銀河と〜	208
色と〜	122, 129	銀河と〜	4
絶対温度	121	将来	208
光の波長と〜	129	直径	27
分子運動と〜	126	銀河団	28
		『銀河鉄道の夜』	
カ		天の川と〜	2
海王星	25	夏の星座	6
解釈	185	舞台	2
化学反応	79	南十字星	11
核分裂	157	金の作り方	84
確率解釈	182, 185		
化合物		**ク**	
炎色反応と〜	102	空間	
花火の色と〜	102	光速と〜	62, 159
カシオペヤ	16	時間と空間を結びつける式	62
可視光	44	時空	62
仮想反粒子	202	速度と空間の縮み	160
仮想粒子	202	縮む世界	159
加速器	194	クォーク	33
加速膨張する宇宙	212	種類	34
かに星雲	94	名前の由来	34
ガモフ		反クォーク	192
$\alpha\beta\gamma$理論	87	雲が白いわけ	52
ビッグバン理論	69		
間隔(世界間隔)	163	**ケ**	
γ(ガンマ)線	45	決定論的自然観	173
		原子	32
キ		エネルギーと〜	107
北十字	8	炎色反応	102
極	99	核分裂	157

原子核 32, 80
　元素と〜 80
　電気と〜 80
　電子 32, 80
　特定の色を出すわけ 109
　光と〜 103
　陽子と中性子の数 83
原子核 32, 80
　大きさ 33
　中性子 33, 80
　半減期 182
　放射線と〜 183
　陽子 33, 80
原子核神秘主義 202
原子爆弾(原爆) 154
賢者の石 78
原子論(デモクリトス) 22
元素
　rプロセス 93
　sプロセス 92
　炎色反応 102
　主な例 81
　原子と〜 80
　しくみ 79
　水素爆弾で作る 86
　中性子で作る 85
　中性子と〜 83
　超新星で作られるもの 93
　超新星と〜 92, 94
　作り方 84
　ビッグバンで作られるもの 89, 91
　ビッグバンと〜 87
　星と〜 90
　陽子と〜 80
　陽子と中性子の数 83

コ

高エネルギー加速器研究機構(KEK) 194
光子 105
　エネルギーと〜 106
高赤方偏移超新星探査チーム 212
光速 140
　空間と〜 62, 159
　時間と〜 62, 142

特殊相対論 140
　不変なもの 140, 161
子宇宙 71
光量子仮説 105
ゴーギャン 75
黒体放射 69
黒点 113
小柴昌俊 34
コペンハーゲン解釈 182
混色 58

サ

サザンクロス(南十字星) 12
さそり座 10
　星の色 119
三原色 58
酸素原子 81
三平方の定理(時間の遅れの計算) 149
散乱 50, 54
　レイリー散乱 54

シ

紫外線 44
時間
　遅れの計算方法 149
　同じ時を共有できない 139, 141
　過去の星座を見ている 138
　過去の太陽を見ている 137
　光速と〜 62, 142
　三平方の定理と時間の遅れ 149
　時間と空間を結びつける式 62
　時空 62
　速度と時間の遅れ 160
　人によって変わる 137, 141
　光の道筋の長さと〜 145
時間順序保護仮説 137
時空
　アインシュタイン方程式 62
　時間と空間を結びつける式 62
　物質と〜 63
時空図 167
　世界線 168
質量
　運動量と〜 164

エネルギーと〜　　　　　　　61, 155, 195
　　　特殊相対論　　　　　　　　　　　　61
シュミット　　　　　　　　　　　　　　212
シュレーディンガーの猫　　　　　　　　183
小マゼラン星雲　　　　　　　　　　　　 28
シリウス　　　　　　　　　　　　　 16, 27
　　　伴星　　　　　　　　　　　　　　207
真空
　　エネルギーと〜　　　　　　　　　　215
　　空っぽではない　　　　　　　　　　215
　　ディラックの海　　　　　　　　　　197
　　電子と〜　　　　　　　　　　　73, 197
「新世紀エヴァンゲリオン」
　　ディラックの海　　　　　　　　　　197
　　陽電子砲(ポジトロンライフル)　　　 190

ス
彗星　　　　　　　　　　　　　　　　　 26
水素原子　　　　　　　　　　　　　 81, 83
水素爆弾(水爆)　　　　　　　　　　　　 86
スーパーノバ(超新星)　　　　　　　　　 92

セ
星座
　　天の川　　　　　　　　　　　　　　 15
　　過去の星座を見ている　　　　　　　138
　　『銀河鉄道の夜』　　　　　　　　　　 6
静止質量　　　　　　　　　　　　　　　166
世界間隔　　　　　　　　　　　　　　　163
世界線　　　　　　　　　　　　　　　　168
赤外線　　　　　　　　　　　　　　　　 44
絶対温度　　　　　　　　　　　　　　　121
　　K(ケルビン)　　　　　　　　　　　 121
　　絶対零度　　　　　　　　　　　　　128
　　光の波長と〜　　　　　　　　　　　129
　　分子運動と〜　　　　　　　　　　　125
絶対零度　　　　　　　　　　　　　　　128

ソ
創世記　　　　　　　　　　　　　　　　 88
相対性理論(相対論)
　　一般相対論　　　　　　　　　　　　 63
　　宇宙と〜　　　　　　　　　　　　　 60
　　タイムトラベルと〜　　　　　　　　136

　　ダリと〜　　　　　　　　　　　　　202
　　特殊相対論　　　　　　　　　　　　 61
ソーン　　　　　　　　　　　　　　　　136
空
　　青いわけ　　　　　　　　　　　　　 53
　　明るいわけ　　　　　　　　　　　　 49
素粒子　　　　　　　　　　　　　　　　 34
　　アトムと〜　　　　　　　　　　　　 22
　　泡箱　　　　　　　　　　　　　　　195
　　加速器　　　　　　　　　　　　　　194
　　クォーク　　　　　　　　　　　　　 33
　　電子　　　　　　　　　　　　　　　 34
　　ニュートリノ　　　　　　　　　　　 34

タ
大マゼラン星雲　　　　　　　　　　　　 28
タイムトラベル　　　　　　　　　　　　136
　　相対論と〜　　　　　　　　　　　　136
　　『時をかける少女』　　　　　　　　136
　　ドラえもんと〜　　　　　　　　　　137
太陽
　　色　　　　　　　　　　　　　119, 122
　　オーロラと〜　　　　　　　　　　　110
　　輝くわけ　　　　　　　　　　　　　158
　　過去の太陽を見ている　　　　　　　137
　　黒点とオーロラ　　　　　　　　　　113
　　最後　　　　　　　　　　　　　　　207
　　将来　　　　　　　　　　　　　　　205
　　白いわけ　　　　　　　　　　　　　130
　　超新星爆発と〜　　　　　　　　　　206
　　白色矮星　　　　　　　　　　　　　207
　　表面温度　　　　　　　　　　　　　122
　　惑星　　　　　　　　　　　　　　　 25
太陽光　　　　　　　　　　　　　 53, 130
太陽風　　　　　　　　　　　　　　　　110
多世界解釈　　　　　　　　　　　　　　185
七夕伝説　　　　　　　　　　　　　　2, 9
ダリ　　　　　　　　　　　　　　　　　202

チ
地球
　　海が青いわけ　　　　　　　　　　　 56
　　雲が白いわけ　　　　　　　　　　　 52
　　将来　　　　　　　　　　　　　　　206

空が青いわけ……………………………… 52
空が明るいわけ…………………………… 49
直径………………………………………… 25
夕焼けが赤いわけ………………………… 54
地球の出……………………………………… 48
中性子…………………………………… 33, 80
クォーク…………………………………… 34
元素と〜…………………………………… 83
反中性子…………………………………… 192
超銀河団……………………………………… 28
超新星(スーパーノバ)………………………… 92
1054年……………………………………… 92
かに星雲…………………………………… 94
超新星宇宙論プロジェクトチーム………… 212
超ひも理論…………………………………… 35

ツ

月の空………………………………………… 49
いつも夜空なわけ………………………… 50

テ

ディラックの海……………………………… 197
真空と〜…………………………………… 197
電子と陽電子……………………………… 198
粒子と反粒子……………………………… 198
デモクリトス………………………………… 22
電子…………………………………… 32, 80
生まれ方…………………………………… 198
エネルギーと〜…………………………… 107
確率の波…………………………………… 179
コペンハーゲン解釈……………………… 182
真空と〜……………………………… 73, 197
ディラックの海と〜……………………… 198
トンネル効果………………………… 73, 201
波という性質……………………………… 178
不確定性原理……………………………… 201
プラズマ…………………………………… 110
ミクロとマクロの世界…………………… 181
陽電子……………………………………… 191
らせん……………………………………… 195
量子論と〜………………………………… 176

ト

同位体………………………………………… 83

『時をかける少女』………………………… 136
特殊相対論…………………………………… 61
$E=mc^2$ ……………………………… 61, 154, 165
仮定………………………………………… 140
光速………………………………………… 140
時空図……………………………………… 167
質量とエネルギー………………………… 61
静止質量…………………………………… 166
世界間隔…………………………………… 163
量子論と〜………………………………… 197
閉じた宇宙…………………………………… 210
年をとらない方法…………………………… 147
ドナルドダック効果………………………… 79
ド・ブロイ波………………………………… 180
ドラえもんとタイムトラベル……………… 137
トンネル効果…………………………… 73, 201

ナ

中谷宇吉郎…………………………………… 30
ナカヤダイヤグラム………………………… 30
流れ星………………………………………… 24
夏の大三角形………………………………… 8

ニ

虹……………………………………………… 40
7色………………………………………… 41
白色光と〜………………………………… 43
『21世紀少年』……………………………… 190
ニュートリノ………………………………… 34
ニュートン力学……………………………… 173

ハ

ハートル……………………………………… 73
パールミュッター…………………………… 212
白色光………………………………………… 43
白色矮星……………………………………… 207
はくちょう座………………………………… 7
波長(光)………………………………… 42, 44
色と〜………………………………… 44, 54
エネルギーと〜…………………………… 104
ハッブル……………………………………… 66
花火
鮮やかなわけ……………………………… 101
化合物と〜………………………………… 102

パラレルワールド……172
    SFと〜……172
    量子論と〜……185
バリオン……216
「パワーズ・オブ・テン」……38
反クォーク……192
半減期(原子核)……182
反中性子……192
反物質……192
    CERNでの生成……194
    SFで武器として使われるわけ……193
    泡箱……195
    作り方……195
    身の回りに見当たらないわけ……193
反陽子……191
    SFで武器として使われるわけ……193
    生成……194
    身の回りに見当たらないわけ……193
反陽子爆弾……190, 196
反粒子……191
    仮想反粒子……202
    作り方……196
    ディラックの海と〜……198
    不確定性原理……201

ヒ

光
    2.7Kの光……132
    明るいわけ……50
    色と〜……42
    生まれるしくみ……108
    エネルギーと〜……104
    追いつけるか?……140
    化学反応と〜……105
    可視光……44
    原子と〜……103
    光速……140
    散乱……50, 54
    時間と光の道筋の長さ……145
    性質……32, 41, 140
    波としての光……41
    白色光……43
    波長……42, 44
    ビッグバンの名残の光……132
    目に見えない光……44
    レイリー散乱……54
ひこ星……9
ビッグクランチ……210
ビッグバン……36, 69
    アナログテレビで見られる名残……133
    元素と〜……87
    名残の光……132
火の玉宇宙……69
『火の鳥』……38
開いた宇宙……211
ビレンケン……72

フ

不確定性原理……201
物質波……180
不変なもの
    宇宙?……60
    光速……140, 161
    静止質量……166
冬の大三角形……16
プラズマ……110
プラズマシート……110
フリードマン……209
    宇宙モデル……211
プロキオン……16, 27

ヘ

ベガ……9
ベテルギウス……16
    赤いわけ……131
    色……119, 122
    表面温度……122
ヘリウム
    原子……80
    ドナルドダック効果……79
ペンジアス……132

ホ

膨張する宇宙……66, 211
ホーキング……73, 137
星
    色が違うわけ……130
    輝くわけ……89

索引

　　元素と〜··· 90
　　表面温度と色······································ 120, 122
ポジトロンライフル(陽電子砲)······················· 190
ボルボックス··· 31

マ
孫宇宙··· 71
マンハッタン計画·· 154

ミ
ミクロの世界·· 30
南十字星(サザンクロス)··························· 12, 17
弥勒菩薩·· 204

ム
無境界仮説··· 73

メ
冥王星··· 25

モ
黙示録··· 205

ユ
夕焼け
　　赤いわけ··· 54
　　作り方··· 55
雪の結晶·· 30

ヨ
陽子·· 33, 80
　　クォーク··· 34
　　元素と〜··· 80
　　反陽子·· 191
　　プラズマ··· 110
陽電子·· 191
　　SFで武器として使われるわけ············· 193
　　生まれ方··· 198
　　作り方·· 195
　　ディラックの海と〜····························· 198
　　不確定性原理······································ 201
　　身の回りに見当たらないわけ··············· 193
　　らせん·· 195
陽電子砲(ポジトロンライフル)····················· 190

ヨハネの黙示録·· 205

ラ
ラプラス·· 173

リ
リゲル
　　色··· 119, 122
　　青白いわけ··· 131
　　表面温度··· 122
粒子
　　仮想粒子··· 202
　　性質··· 174
　　作り方·· 196
　　ディラックの海と〜····························· 198
　　反粒子·· 191
　　不確定性原理······································ 201
量子宇宙··· 72
量子重力理論··· 73
量子論·· 171
　　確率解釈······································ 182, 185
　　コペンハーゲン解釈···························· 182
　　シュレーディンガーの猫と〜··············· 183
　　多世界解釈··· 185
　　ダリと〜··· 202
　　ディラックの海································· 197
　　電子の確率の波··································· 180
　　電子の姿··· 176
　　特殊相対論と〜··································· 197
　　トンネル効果······························· 73, 201
　　波と〜·· 174
　　不確定性原理······································ 201
　　未来の考え方······································ 174

レ
レイリー散乱··· 54
レプトン··· 34
錬金術師··· 78

ワ
ワームホール··· 136
惑星·· 25
わし座··· 8
『W3(ワンダースリー)』······························· 190

〈著者紹介〉

牟田　淳（むた　あつし）

1968年生まれ。東京大学理学部物理学科卒業。同大学院理学系研究科物理学専攻博士課程修了。
現在、東京工芸大学芸術学部基礎教育課程教授。
芸術学部に所属する理学系教員として、同大学でアートと数学、サイエンスのコラボを目指す。
趣味は旅行。最近はほぼ毎年南の島に旅行し、昼はスキューバーダイビングなどで魚と泳ぎ、夜は天の川などの天体観測や天体撮影を満喫している。

〈主な著書〉

『アートのための数学』『デザインのための数学』『あかりと照明のサイエンス』
『アートを生み出す七つの数学』（以上、オーム社）
『学びなおすと物理はおもしろい』『学んでみると量子論はおもしろい』（以上、ベレ出版）
『「美しい顔」とはどんな顔か』（化学同人）
『身につくシュレーディンガー方程式』（技術評論社）

- 本書の内容に関する質問は、オーム社ホームページの「サポート」から、「お問合せ」の「書籍に関するお問合せ」をご参照いただくか、または書状にてオーム社編集局宛にお願いします。お受けできる質問は本書で紹介した内容に限らせていただきます。なお、電話での質問にはお答えできませんので、あらかじめご了承ください。
- 万一、落丁・乱丁の場合は、送料当社負担でお取替えいたします。当社販売課宛にお送りください。
- 本書の一部の複写複製を希望される場合は、本書扉裏を参照してください。
[JCOPY] ＜出版者著作権管理機構委託出版物＞

宇宙と物理をめぐる十二の授業

2010年 4 月23日	第1版第 1 刷発行
2025年 3 月10日	第1版第11刷発行

著　者　　牟田　淳
発行者　　村上和夫
発行所　　株式会社　オーム社
　　　　　郵便番号　101-8460
　　　　　東京都千代田区神田錦町3-1
　　　　　電話　03(3233)0641(代表)
　　　　　URL　https://www.ohmsha.co.jp/

© 牟田　淳 2010

組版　トップスタジオ　　印刷・製本　広済堂ネクスト
ISBN978-4-274-06802-7　Printed in Japan

好評関連書籍

アートのための数学

牟田 淳 著

A5 判 240 頁
ISBN 978-4-274-06723-5

マンガでわかる量子力学

川端 潔 監修
石川憲二 著
柊ゆたか 作画
ウェルテ 制作

B5 変判 256 頁
ISBN 978-4-274-06780-8

マンガでわかる相対性理論

新田英雄 監修
山本将史 著
高津ケイタ 作画
トレンド・プロ 制作

B5 変判 192 頁
ISBN 978-4-274-06759-4

マンガでわかる宇宙

川端 潔 監修
石川憲二 著
柊ゆたか 作画
ウェルテ 制作

B5 変判 248 頁
ISBN 978-4-274-06737-2

らくらく図解 光とレーザー

陳 軍・山本将史 共著

A5 判 208 頁
ISBN 4-274-06668-1

おはなし物理 力学編

塚越一雄 著

A5 判 192 頁
ISBN 978-4-274-06722-8

パースの技法
マンガでわかる遠近法・構図

面出和子 監修
染森健一・ビーコム 共著

B5 判 128 頁
ISBN 978-4-274-06762-4

パースの表現
マンガでわかる光と陰影・着彩

面出和子 監修
染森健一・ビーコム 共著

B5 判 128 頁
ISBN 978-4-274-06765-5

◎品切れが生じる場合もございますので、ご了承ください。
◎書店に商品がない場合または直接ご注文の場合は下記宛にご連絡ください。
TEL.03-3233-0643 FAX.03-3233-3440 http://www.ohmsha.co.jp/